我家狗狗要長命百歲！

狗狗的高品質健康生活寶典

 臼杵新

楓葉社

前言

讓毛小孩活得健康又長壽

各位聽過「QOL（Quality of Life）」嗎？這個詞直譯過來，即是「生活品質」。生活品質是用來評估日常生活的好壞程度，看看我們的生活過得好不好，是不是過得舒適又幸福。QOL不僅用來衡量人類的生活品質好壞，也能用來檢視貓狗等寵物的生活品質，受到許多飼主的關注。

在人類飼養的寵物之中，狗狗的受歡迎程度始終屹立不搖，由於狗糧品質的提升以及醫療進步、預防接種的觀念普及等等，狗狗的平均壽命（目前大約是十四歲）也隨之提高。若換算成人類的年齡，相當於七十歲以上的高齡。

對於飼主而言，想必都希望狗狗長命百歲，也希望牠們的「狗生」過得快樂又充實。

那麼飼主必須做哪些事情，才能讓自己的毛小孩健康有活力呢？這些飼養重點都匯整在本書中。

第1章要介紹狗狗的「飲食」相關重點。例如：絕對不要買超市販售的超便宜飼料。

在這個章節中，會詳細介紹作為狗狗健康之本的飲食基礎，包括如何挑選狗飼料、狗狗

吃膩了日常的狗食時的應對方式、如何靠飲食幫狗狗瘦身等等。

第2章是關於「玩耍與生活」。狗狗最喜歡的事情就是玩耍，跟主人一起玩耍是牠們感到最幸福的瞬間，而這份幸福感也與狗狗的健康息息相關。希望飼主們在了解正確的陪玩方式後，也能以遊戲減輕狗狗的日常壓力。

第3章是關於「健康與美容」，從剪指甲、刷牙的方式，到洗澡用的洗毛精、製作鮮食與梳毛的小技巧，還有能讓狗狗放鬆的指壓按摩以及穴道按摩等等，帶領飼主一同來學習。

最後的第4章，則是介紹關於「疾病與醫療」的正確知識，包括：狗狗會生哪些病？狗狗邁入老年之後，我們該如何應對？以及挑選固定看診醫院的基準等等。

除了上述的四個章節之外，本書還在附錄補充了地震等大規模災害發生時的緊急應對措施。

既然我們將狗狗帶回家，讓牠們成為家裡的一份子，自然就會希望與牠們一起相處得愈久愈好。平常就為毛小孩的健康做好規劃，是我們做飼主的責任與義務。若這本書能略盡棉薄之力，幫助各位的毛小孩身體健康、長命百歲，也提升毛小孩的QOL，那便是我的榮幸。

臼杵動物醫院院長 臼杵新

CONTENTS

第 **2** 章

用快樂的每一天提高生命力！

狗狗的
「玩耍與生活」

第 1 章

健康從飲食生活做起！

狗狗的「飲食」

想讓狗狗頭好壯壯，關鍵就在於飲食。所以，飼主們必須十分注意要給狗狗吃什麼？要怎麼餵食狗狗？首先，我們就從狗狗的餵食基本開始介紹吧。

POINT 1　蛋白質是最重要的

對於狗狗而言，最重要的養分就是動物性蛋白質。所以，飼主們應該要多多餵食使用優質肉品製作而成的狗糧。關於狗糧的挑選方式，將在Ｐ12～15詳細介紹。

POINT 2　以一日兩餐為原則

貓咪一天會吃好幾頓飯，但狗狗基本上一天只吃兩餐。如果是幼犬的話，可以分成三～四次餵食，而成犬只要餵食兩次即可。狗狗上了年紀之後，每次的進食量會變少，因此飼主可以調整成一天三～四次。

POINT 3　不要餵人類的食物

狗狗看到主人的點心，口水都要流下來了……。看著可愛的毛小孩露出羨慕的眼神，飼主們就會忍不住想分一點食物給牠們吃。
但飼主們可不能給牠們吃人類的食物，因為人類的食物含有較高的鹽分、糖分及脂肪，對於狗狗的身體健康有害無益。

狗狗的三大必要營養素是？

脂肪是效率良好的能量來源

[狗糧的原料]
動物性油脂、魚油、植物性油脂等。

蛋白質是身體各部位的組成成分

[狗糧的原料]
雞肉、大豆、雞蛋等。

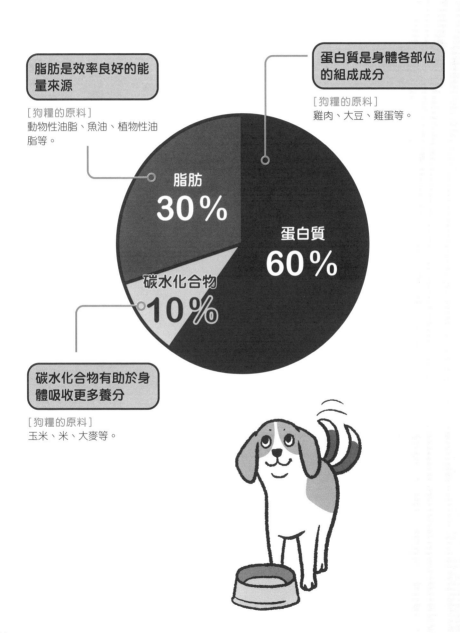

脂肪
30%

蛋白質
60%

碳水化合物
10%

碳水化合物有助於身體吸收更多養分

[狗糧的原料]
玉米、米、大麥等。

在寵物用品店或超市的貨架上，都會擺滿各式各樣的狗飼料。挑選飼料不能只看價格或份量，還要看清楚成分標示，才能買到讓人安心的飼料。

POINT 1　主食選擇綜合營養狗糧

日本的狗糧分為「普通狗糧」以及較高級的「綜合營養狗糧」。綜合營養狗糧是符合日本寵物膳食公平交易協會制定標準的商品，犬隻僅需攝取綜合營養狗糧以及清水，即可獲得身體所需的營養。此外，符合美國制定標準的狗糧商品，在日本則稱為「Premium狗糧」。若要當作狗狗的主食，就選擇綜合營養狗糧或Premium狗糧吧。

POINT 2　檢查產品標示

雖說選了綜合營養狗糧作為主食，飼主也不能因此百分之百安心。因為選擇綜合營養狗糧只是最基本的，但不同家廠牌之間的品質可能大不相同。而飼主們在挑選飼料時，則可以從包裝上的產品標示（成分標示）來判斷品質的好壞。

POINT 3　肉類的品質高＝好飼料

狗狗屬於肉食性動物，腸胃不擅長消化穀物之類的食物，所以不需要給予太多的穀物。因此，飼主在挑選飼料時，要先檢查一下飼料的成分標示，選擇肉類成分多於穀物成分的飼料。不過就算是肉類，當中還是有品質比較差的原料，所以還是要多加注意（詳細於P14介紹）。

看懂產品標示

狗糧

- ●成犬用綜合營養糧食
- ●內容量 ： 3 kg
- ●餵食方式：成犬每公斤給予○ g／天，一天請分成 2 次以上餵食。
- ●成分 ：粗蛋白質 18 % 以上、粗脂肪 5 % 以上、粗纖維質 5 % 以下、粗灰分 8 % 以下、水分 12 % 以下
- ●原料 ：肉類（雞肉、牛肉）、穀物（玉米、小麥）、動物性油脂、蔬菜類（菠菜、胡蘿蔔）、礦物質（磷、鈣）、維生素（A、B、C）、抗氧化劑
- ●賞味期限：20211231
- ●原產國 ： 日本
- ●販售商 ： ○○○○**股份有限公司**
〒000 - 0000 東京都○○ ○○町 0 - 0 - 0
03 - 0000 - 0000
本產品通過日本寵物膳食公平交易協會制訂的餵食試驗，為成犬用綜合營養糧食。

賞味期限

未開封存放時的最佳賞味期限。

原產地

產品的最終加工國家。並不是日本國產的狗糧一定比較好，而其他國家生產的狗糧比較差，但有部分的看法認為中國製、韓國製的狗糧原料與衛生較讓人無法信任。

原料

狗糧包裝一定要記載原料成分。挑選時記得要選擇肉類成分多於穀物成分的產品，也別忘了檢查有無添加物（但廠商並沒有義務標示原料當中是否含有添加物）。

是否經過檢驗

如果是日本國產的犬糧，於市面流通之前都會經過檢驗。

汪 PLUS POINT

狗糧根據水分含量，可分為「乾飼料」、「濕食」與「軟飼料」。乾飼料的水分含量約為 10 % 左右，堅硬的口感有利於狗狗的牙齒保健，但乾飼料中的穀物含量通常都會比較高。濕食的水分含量約為 75～80 %，適口性好。軟飼料又稱為半乾飼料，水分含量約為 25～35 %，特徵是吃起來的口感就像在嚼肉一樣。濕食與軟飼料的缺點是保存期限較短，雖然有嚼勁的口感對於狗狗來說就像在吃肉一樣，有助於提升食欲，但為了增加口感而添加的化學添加物並不適合讓狗狗攝取太多。

即使產品包裝標示為綜合營養狗糧，且主要成分以肉類為主，也不能斷定這項產品就是健康又安全的狗飼料。這是因為，有些不肖廠商會使用品質低劣的原料，並使用香料等添加物掩飾產品中的劣質原料。在挑選飼料這件事上，切記「便宜肯定沒好貨」。

POINT 1　太便宜的飼料→不行！

站在業者的立場而言，原料的價格肯定是壓得愈低愈好，所以有些飼料使用的原料，可能是不提供給人類食用的最低等級的肉品，或是其他的肉類副產品。舉例來說，有些飼料業者使用的劣質原料就包含了牲畜的蹄、皮毛，甚至沾黏著排泄物等等。若發現某廠牌的飼料價格遠遠低於其他知名的飼料品牌，最好列入拒買清單。

POINT 2　添加香料或色素→不行！

有些飼料業者會利用香料來掩飾劣質的原料，或使用色素讓飼料成品看起來更加美味。飼主在挑選飼料時一定要想清楚，真的要購買使用這種手段的廠商製造的飼料嗎？

POINT 3　使用有害添加物→不行！

有些添加物不會妨礙狗狗的身體健康，但像是強效的抗氧化劑衣索金（Ethoxyquin）或 BHA（Butylated hydroxyanisole）、BHT（Butylated hydroxytoluene）等等，都要盡量避免讓狗狗食用。篩選各廠牌的飼料時以原料品質為第一優先，最後還是猶豫不決的話，就以飼料當中是否添加防腐劑來判斷即可。

「肉」也分為許多種

肉類

指除了肌肉以外，還包含脂肪、內臟等所有的肉。

純肉

指剔除骨頭或多餘的脂肪等等，最後只剩肌肉的肉品。

腦

骨頭

脂肪

內臟

肌肉

肉類副產品（肉粉）

以肌肉以外的部分製成的粉狀物。有一些劣質的肉類副產品還包含牲畜的蹄、皮毛、排泄物等等。

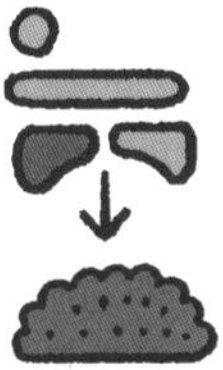

汪 PLUS POINT

狗狗最理想的營養補給，不僅要攝取純肉（肌肉），也應該攝取品質受嚴格把關的內臟與肉類副產品。換句話說，標榜「只使用純肉」的狗糧未必就是優良的飼料，原料當中還要包含品質優良的肉類副產品，才稱得上是最棒的飼料。如果飼主想自行為狗狗補充禽畜內臟所含的營養，或許可以烹煮我們平常食用的牛腸或豬腸給狗狗吃，也可以購買毛肚（反芻動物的胃的一部份）罐頭等等替狗狗加菜。

我們都知道絕對不可以讓狗狗吃到洋蔥等等的蔥蒜類植物，但會威脅狗狗生命的危險食物可不是只有這些而已。我們就來了解一下還有哪些食物容易對狗狗的身體造成不好的影響吧。

POINT 1　蔥蒜類不能吃！絕對不行！

蔥蒜類的食物會破壞狗狗血液中的紅血球，可能會引起急性貧血或血紅素尿等等。不管是洋蔥還是青蔥，通通都不能讓狗狗吃下肚。狗狗誤食蔥蒜類食物的中毒量為體重每公斤攝取5～10g，而且通常都是在誤食的數日以後才會開始出現症狀。

POINT 2　也要留意果乾與骨頭

杏桃乾或葡萄乾等果乾在狗狗的胃裡吸收水分以後，就會膨脹好幾倍，可能會導致狗狗胃擴張。而且葡萄乾不只會引起胃脹，也對狗狗的腎臟具有毒性。

另外，若餵食帶骨的雞肉，尖銳的骨頭可能會卡在狗狗的食道或刺穿腸胃。

除了上述的食物，甲殼類、貝類、巧克力、堅果類、木醣醇、酪梨等等，也都是威脅狗狗健康安全的食物。

POINT 3　萬一誤食，一定要送醫！

當毛小孩不小心吃到這些危險的食物時，一定要立刻將狗狗送往動物醫院就診。即使誤食的量非常低，但由於每一隻狗狗的狀況不同，可能還是會出現中毒症狀，所以這時飼主要做的不是再觀察，前往動物醫院才是正確的選擇。

狗狗的 NG 食物一覽

果乾

果乾在胃部吸收水分以後，就會膨脹成原來的數倍。狗狗大量食用果乾的話，不僅會將肚子撐滿，還有可能造成胃擴張。

蔥蒜類

蔥蒜類當中的烯丙基丙基二硫醚（ Allyl propyl disulfide ）一旦進到狗狗的體內，被身體吸收，就會破壞血液中的紅血球，引起貧血或血尿等等。

雞骨頭

一旦尖銳的雞骨頭刺穿腸胃，狗狗就必須接受開腹手術或內視鏡手術，取出腹部的骨頭。

甲殼類、貝類

充分加熱過的甲殼類或貝類沒有問題，但是生鮮的甲殼類或貝類則可能造成狗狗缺乏維生素 B1，進而引發各種症狀。另外，魚類當中的鮪魚及鰹魚也是狗狗的 NG 食物。

木醣醇

木醣醇對於狗狗的肝臟具有毒性，僅僅微量就有可能導致狗狗中毒身亡。木醣醇也是人類的點心常用的甜味劑之一。

巧克力

巧克力當中的可可鹼（theobromine）成分會引起中毒症狀，包括嘔吐、下痢、心律不整、興奮等等。

PLUS POINT 汪

狗狗每天都會看到各式各樣的植物。如：庭院裡的鬱金香、繡球花，陽台上的牽牛花、三色菫，散步途中的百合花、杜鵑花、南天竹、桔梗花。只是，這些植物對於狗狗都具有毒性，有些甚至還會危及狗狗的性命安全。所以要是看到狗狗想要吃這些植物，一定要馬上制止牠們。

看著津津有味地啃著肉乾、潔牙骨、餅乾等各種零食的狗狗，就會覺得牠們怎麼這麼可愛。飼主們因為還想再看看這麼可愛的身影，就會不小心愈餵愈多。只是，狗狗的零食不過是牠們的嗜好品罷了，這些零食當中都含有許多添加物，飼主要是餵太多零食，也可能讓狗狗變得愈來愈胖。接下來，我們就來看看應該怎麼給予零食才是正確的做法。

原則上不需要給零食
若要餵食，就要訂好規則

POINT 1　決定餵食的人

每一種零食都有每日建議攝取量，但如果家裡每個人都餵食的話，就會讓狗狗攝取過多的熱量。所以只要決定好每一天的零食負責人，例如：今天由我餵食、星期二交給爸爸、星期三交給媽媽等等，就可以避免零食過量。

POINT 2　餵食的零食僅限一種

如果一次餵食好幾種點心，狗狗就會每種點心都想吃，一口接著一口吃下肚。
最後才發現狗狗的肚子早已被零食塞滿滿，結果吃不下正餐……。所以，零食最多一種就好，以免發生這樣的情況。

POINT 3　用飼料當作零食

我們都容易覺得狗狗的點心就是肉乾、潔牙骨、餅乾等，但其實我們也可以將狗飼料當作點心餵食毛小孩吧？用飼料當零食的餵食方式，就是從狗狗一天可攝取的飼料量，挪一小部分當成零食餵食。這麼一來，狗狗就不會攝取過多的熱量，飼主也不用擔心狗狗吃得胖嘟嘟。

這樣的「狗狗零食規則」如何呢？

規則 1
決定點心餵食者

按照日期決定好「零食負責人」，例如：今天由我餵食、星期二交給爸爸、星期三交給媽媽等等，其他的人就不能再餵食點心。這麼一來，就可以避免給狗狗吃太多點心。

規則 2
只給一種點心

每次的零食最多一種。如果一次餵好幾種零食，狗狗就會每種點心都想來一點，一口接著一口一直吃；但如果只餵一種零食，牠們很快就會覺得自己吃夠了。

規則 3
把飼料當點心

要是毛小孩表現出「還要吃！我還要吃！」的樣子，那就把每天固定分量的飼料挪一些來當成零食吧。這樣也能控制熱量的攝取。

狗狗的最佳主食莫過於綜合營養狗糧。我能夠理解飼主們「想要給我的寶貝吃到愛心滿滿的自製鮮食！」的心情，但就營養均衡的層面而言，自己要做出比這些成品更營養的食物，實在不是一件容易的事。不過，若飼主還是想要自製鮮食給毛小孩吃的話，那就注意一下以下的幾個重點吧。

POINT 1　要注意營養均衡

狗狗屬於肉食性動物，所以自製鮮食要以富含動物性蛋白質的肉類或魚肉為主。假如狗狗不會鬧肚子的話，給牠們吃生肉也無妨，但一定要注意食材的新鮮度以及衛生安全。另外，食材的挑選基準，最好都選擇市售狗糧使用的食材，或與此類似的食材。

POINT 2　蔬菜要用調理機絞碎

狗狗的腸胃不擅長消化蔬菜。講得更白一點，其實是因為肉食性動物並沒辦法自行消化蔬菜。所以，蔬菜一定要先用調理機攪碎，看不到食物原形以後，才能給狗狗食用。攪碎的蔬菜看起來也許不可口，卻更好消化。

POINT 3　不要調味

製作鮮食時不必為了美味而添加調味料。飼主自己在試吃時覺得「或許應該來點鹹味」或「吃起來好像不夠甜」等等，就在自製鮮食當中放調味料，都是不對的。人類的味覺覺得好吃的味道，對於狗狗來說未必也是好吃的味道，所以比起味道好壞，營養均衡才應該是第一考量。

自製鮮食的優缺點

缺點②
可能養出挑嘴的狗狗

飼主製作鮮食也許很開心，但如果鮮食菜單太多樣，反而容易養出「挑嘴狗狗」。變化各式各樣的菜單雖然很有趣，對狗狗的健康卻會造成不良影響。

缺點①
容易營養不均衡

只靠自製鮮食滿足狗狗一天所需的營養，執行起來可不是一件不容易的事。不光要具備營養相關的知識，購買所有的食材也要花費不少錢，而且還要花時間處理食材與烹調。

優點 能避免添加物等等

市售的飼料可能包含防腐劑等添加物，而採用自製鮮食的話，可以避免狗狗吃到這些添加物。另外，如果是過敏體質的狗狗，也能夠避開過敏原的食物（詳細請參考P30）。

汪 PLUS POINT

如果是因為毛小孩屬於過敏體質，而必須避免過敏原（過敏因子），給予牠們沒有添加物的安全飲食，那麼採用自製鮮食也許會是個好辦法。舉例來說：有些狗狗不管吃什麼牌子的飼料都會拉肚子，結果改吃自製鮮食以後便不藥而癒。但不管是哪種形式的飲食，都要與獸醫師討論以後再決定喔。

脂肪對於動物而言是重要的能量來源。構成脂肪的脂質稱為脂肪酸,脂肪酸當中的必要脂肪酸(飽和脂肪酸與不飽和脂肪酸)尤其重要。必要脂肪酸能夠維持狗狗的皮膚與毛髮的健康,但狗狗的身體卻無法自行合成。因此,飼主們別忘了給狗狗吃亞麻仁油,以市售的亞麻仁油補充Omega-3脂肪酸。

用亞麻仁油補充必要脂肪酸 維持健康漂亮的毛髮

POINT 1 了解亞麻仁油的效果

亞麻仁油是以亞麻種子榨成的乾性油,富含Omega-3脂肪酸。狗狗攝取亞麻仁油,可以預防皮膚疾病,也能讓毛髮變得光滑柔順。而且,亞麻仁油還具有提升免疫力與生殖能力的效果。不論是人類食用的亞麻仁油或動物專用的亞麻仁油,都具有相同的效果。

POINT 2 拌在飼料當中

餵食方式很簡單,只需將適量的亞麻仁油拌入飼料即可。但亞麻仁油容易氧化,放飯前才能拌在飼料裡。開封後最好放入冰箱保存。

POINT 3 注意副作用

攝取過多的亞麻仁油可能會造成下痢或軟便。用法及用量請依照產品包裝或獸醫的指示。另外,餵食人類食用的亞麻仁油或動物專用的亞麻仁油都可以,但先前曾出現過假的亞麻仁油,因此還是建議飼主選擇知名廠牌。

美麗毛髮的祕密就是亞麻仁油

亞麻仁油的效果

☐ 預防皮膚病
☐ 讓毛髮變得光滑柔順
☐ 提升免疫力
☐ 提升生殖能力

亞麻仁油的餵食方式

將適量的亞麻仁油淋在飼料，拌勻後餵食即可。狗狗不討厭亞麻仁油的口感或味道的話，也可以直接給牠們舔著吃。

※ 亞麻仁油的用量及用法請遵照產品包裝或獸醫師的指示。

PLUS POINT

荏胡麻油或紫蘇油與亞麻仁油具有同樣特徵，也是不錯的選擇。把荏胡麻油拌在飼料當中餵食，據說可以抑制皮膚方面的過敏，也能有效預防失智症。跟亞麻仁油一樣，飼主也可以直接給狗狗吃人類食用的荏胡麻油或紫蘇油。

狗狗的身體無法自行分解乳糖，有時一喝牛奶就會拉肚子。優格同樣也是乳製品的，但由於乳糖已經在發酵過程中分解了，所以狗狗吃優格是沒問題的。一般都認為優格具有整腸與預防口臭等效果，優格對於狗狗而言，也是一種健康的食物。

POINT 1	優格是好的食物！

優格能夠重建狗狗的腸道環境，幫助腸胃消化。不只如此，還有預防口臭的效果。

POINT 2	要確認狗狗的體質是否適合

有些狗狗可能不適合吃優格，所以第一次餵食時，最好先給予少量，確認狗狗會不會出現過敏反應。每天最多餵2小匙（體重5kg的情況），注意不要餵食過量。

POINT 3	給予無糖、低脂的優格

飼主可以給狗狗吃市售的優格，但含糖或添加水果等等的優格，通通都不行。因為太甜的優格會讓狗狗變胖，而優格當中若添加葡萄、葡萄乾、無花果、木醣醇等等，則可能害狗狗中毒。請飼主給予狗無糖的原味優格，可以的話也盡量選擇低脂（或零脂）優格。

優格的好處多多

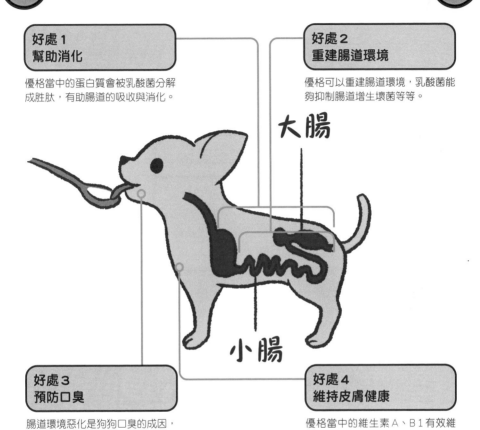

**好處 1
幫助消化**

優格當中的蛋白質會被乳酸菌分解成胜肽，有助腸道的吸收與消化。

**好處 2
重建腸道環境**

優格可以重建腸道環境，乳酸菌能夠抑制腸道增生壞菌等等。

大腸

小腸

**好處 3
預防口臭**

腸道環境惡化是狗狗口臭的成因，透過優格的整腸效果，進而預防口臭。

**好處 4
維持皮膚健康**

優格當中的維生素 A、B1 有效維持皮膚的健康。

汪 PLUS POINT

要不要餵狗狗喝牛奶，必須經過慎重的評估。就像前一頁說的一樣，有些狗狗喝到牛奶可能會拉肚子，所以飼主們不必堅持一定要讓狗狗喝牛奶。不過，狗狗也不是完全不能喝，飼主可以先倒一點給狗狗試試看，如果沒有太大的問題，之後就可以讓狗狗喝牛奶。但狗狗喝太多牛奶容易變胖，所以飼主們還是要注意份量。

狗狗都是「味覺白癡」，只吃得出甜味、酸味與鹹味這三種味道，不會用牠們的味覺去評斷食物好不好吃。因為這樣，狗狗才可以日復一日吃著同樣口味的飼料。話雖如此，狗狗還是有可能吃膩同一種口味的飼料，所以遇到這樣的情況時，飼主可以試著幫狗狗的飼料加熱，或撒上一點拌飯配料等等，增加狗狗的食慾。

POINT 1 食物加熱，讓味道更明顯

狗狗的味覺雖然很遲鈍，嗅覺卻相當地敏銳，通常都靠著氣味來判斷食物。所以，飼主只要將牠們的食物加熱，加強食物的氣味，狗狗敏銳的嗅覺就會有所反應，進而促進牠們的食慾。

POINT 2 加熱溫度在40℃左右

加熱狗狗的濕食時，用微波爐加熱幾十秒即可。40℃左右（人類體溫）是最適合狗狗進食的溫度，超過這個溫度的話，不僅會太燙而難以入口，食物中的酵素等養分也會遭到破壞。如果狗狗吃的是乾飼料，就用熱開水把飼料泡熱。

POINT 3 拌飯配料也很有效

把狗狗平常吃的飼料撒上犬用拌飯香鬆，就能增加狗狗的食慾。使用香氣濃郁的拌飯香鬆，效果會更好。記得先把香鬆跟飼料攪拌均勻，狗狗才不會把香鬆吃光光，只留下飼料。

狗糧的加熱方式

濕食就用微波爐加熱

把一份濕食倒進可微波容器並蓋上保鮮膜，以微波爐加熱數十秒，大概加熱到跟人體溫度差不多即可。取出後攪拌均勻，以免濕食的溫度不均勻。

乾飼料就用熱開水泡熱

把一份乾飼料放在容器裡，再淋上40℃左右的熱開水。水量只要淹過飼料表面即可，浸泡十～十五分鐘以後，泡軟的飼料即可輕鬆壓散。

汪 PLUS POINT

我們覺得狗狗的飼料聞起來香香的，味道應該很不錯，但這些的飼料卻未必對狗狗好。這是因為有些飼料廠商可能為了迎合飼主，而添加一些有害狗狗身體的香料。比起飼料的香氣，飼主更應該重視當中的成分才對。

當毛小孩吃膩平常的飼料時，給牠們換個飼料也是不錯的辦法。只是，毛小孩可能到最後又膩了……。像這種情況，飼主就可以試試看固定一段時間就替換成其他不同的飼料，也許效果會很不錯。但也別忘了輪替不同的飼料還是有些缺點的。

什麼飼料都想吃！以輪替的方式，保持毛小孩的食慾

POINT 1　按照季節輪替

一年有四季之分，飼主可以隨著季節準備四種不同的飼料，每換一個季節就輪替一種飼料。換成新的飼料時，不必急著一次全換過來，祕訣是每一餐都在舊飼料當中放一點新飼料，慢慢增加新飼料的比例。有些人的作法則是早晚輪替飼料，早上餵一種，晚上再餵另一種。

POINT 2　先決定好基本款飼料

把狗狗經常吃的飼料或喜歡吃的飼料，訂為狗狗的基本款飼料。這樣的話，就算狗狗不想吃替換的飼料，也能夠隨時改回基本款飼料，讓飼主不必操心。

POINT 3　替換的頻率不可以太頻繁

不可以一個月內替換四、五種飼料。長期吃同一款飼料雖然容易引起過敏，但太常替換不同的飼料的話，「偶遇」過敏原食材的機率也會增加。

飼料輪替的範例與優缺點

早晚輪替

四季輪替

優點
- □ 提振食慾
- □ 可避免營養失衡
- □ 可避免過敏的風險
- □ 可避免狗狗體內累積過多的添加物

缺點
- □ 造成腸胃負擔，導致下痢、消化不良
- □ 出現過敏反應時，不容易掌握過敏原的食物來源
- □ 狗狗容易變得挑嘴

汪 PLUS POINT

在乾飼料、濕食與半濕食這3種狗糧當中，最受狗狗歡迎的是香噴噴的濕食，實際上適口性最好的也是濕食。其次是半濕食，最後才是乾飼料。所以一直餵狗狗吃濕食或半濕食的話，知道了濕食跟半濕食比較好吃的狗狗就會不想換成乾飼料。飼主要幫狗狗替換飼料的話，也別忘了這一點喔。

跟人類一樣，有些狗狗也有過敏體質。當狗狗一直用力抓癢，或怎麼都治不好皮膚的發炎症狀時，就有可能是因為過敏反應所致。引起過敏的因子「過敏原」之一，就是狗狗吃的食物。當飼主懷疑狗狗是不是過敏時，可以試著排除一些可能造成狗狗過敏的食物。

POINT 1　了解過敏的症狀

過敏的代表性症狀為皮膚方面的疾病。發現狗狗一直拼命地抓癢、出現不正常的皮屑、掉毛的情況變嚴重、臉部周圍（眼睛或嘴巴、耳朵等）或四肢內側的皮膚泛紅、拉肚子或嘔吐等等，飼主就要懷疑狗狗是不是過敏了。

POINT 2　食物容易造成過敏

狗狗真正的過敏原因要經過檢查才能知曉，但其實牛肉、雞蛋、乳製品、小麥、大豆等食物，都是容易造成狗狗過敏的食物。

POINT 3　遵循獸醫的指示

想要避免狗狗出現過敏，飼主可以試著使用低過敏原餵食法。例如：限定使用食材的「食材限定飲食法」，或是分解蛋白質，避免讓免疫系統產生反應的「加水分解飲食法」等等。不過，有時外行人就算鎖定了過敏原，使用低過敏原餵食法，還是可能造成反效果，所以一定要遵照獸醫的指示進行低過敏原餵食法。另外，使用低過敏原餵食法需要2～3個月才能見效，請飼主耐心等待效果出現。

出現過敏反應時，要檢查這些食物

※ 如果狗狗未出現過敏反應，就不需要刻意避開這些食物。

雞蛋

長期攝取生蛋白當中的抗生物素蛋白（avidin）容易引起過敏（抗生物素蛋白經加熱後便會失去活性）。而且雞蛋的膽固醇含量高，老狗狗盡量避免攝取。只想讓狗狗攝取蛋白質的話，飼主可以把水煮過的蛋白切碎，混在狗狗的食物當中。

小麥、玉米

小麥與玉米含有大量的麩質。有一些狗狗的腸胃不太會消化麩質，持續餵食的話，可能會誘發過敏。

雞蛋

小麥

大豆

玉米

牛肉

乳製品

大豆

大豆的營養雖高，蛋白質含量也高，因此容易引起過敏反應。

乳製品

有些狗狗會對牛奶等乳製品產生過敏反應，而且主要都是皮膚方面的症狀，有些狗狗甚至還會拉肚子或嘔吐。

牛肉

在肉類當中，牛肉最容易引起狗狗過敏反應，通常不會用來製作狗糧。所以當狗狗身上出現過敏反應，都會先檢查狗狗是不是吃到牛肉。

汪 PLUS POINT

過敏原不只有食物，像是項圈、衣服、毛毯、地毯、沙發等等，狗狗穿戴在身上的衣服或配件、身體會接觸到的物品，都有可能引起過敏反應（參考P102）。

肥胖為百病之源，人類與狗狗皆是如此。比起運動，飲食控制才是狗狗瘦身的關鍵所在。若想讓狗狗擁有苗條的身材，飼主可以試試市售的低卡瘦身狗糧，或餵狗狗吃低卡食物。

POINT 1　首先要與獸醫討論

肥胖是個相當棘手的問題，成功瘦身比想像中更加困難。若是沒有規劃地減少食物份量，可能會造成狗狗營養失衡，所以一定要先跟固定看診的獸醫討論，並按照獸醫的建議，幫狗狗減到目標體重。

POINT 2　利用低卡路里的狗糧

對於嗜吃如命的狗狗來說，如果每天的伙食份量被減少，牠們就會因為無法忍受飢餓而形成壓力。所以就這個問題而言，使用低卡路里的瘦身狗糧不僅可以讓狗狗產生「我吃到食物了！」的飽足感，也能解決營養不足的擔憂。飼主在選擇瘦身狗糧時，請根據狗狗的年齡與身體狀況，挑選適合的廠牌與款式。

POINT 3　給予增量不增胖的伙食

在每天的伙食當中拌入一些低卡食材，例如：切碎的蔬菜、蒟蒻絲或寒天等等，就變成了增量版伙食。這麼一來，狗狗不但吃得飽，也不會因為飲食控制而造成壓力。

增量伙食的作法

寒天

切成數公分不等的骰子狀。狗狗吃太多寒天會肚子痛，餵的時候要注意份量。

蒟蒻絲

汆燙去除澀味以後，切成1～2 cm的短條狀。

蔬菜末

把高麗菜或白蘿蔔、萵苣等蔬菜切成碎末。如果狗狗吃生的蔬菜會肚子不舒服的話，也可以用水煮的方式把蔬菜煮軟。

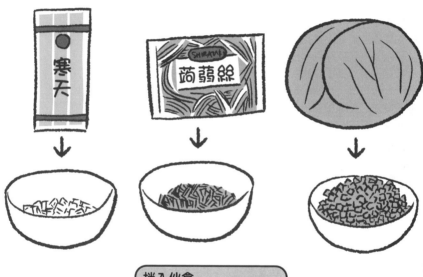

拌入伙食

實行增量伙食時，要從少量開始進行。如果毛小孩吃了之後沒有出現什麼問題，就可以增加到每餐份量的二到三成。

汪 PLUS POINT

狗狗進入成犬期之後，基礎代謝就會變差。再加上過度飲食或運動不足，就容易變得愈來愈胖。除此之外，做過節紮手術的狗狗也比較容易發胖。肥胖會引起糖尿病等各種疾病，因此要及早解決這個問題（詳細請參考 P82）。

大概到了十歲左右，狗狗身體老化的速度就會愈來愈快，身體的代謝以及消化功能也會衰退，再也不像年輕那樣食慾旺盛。發現狗狗有食慾衰退的情況出現時，飼主就要在牠們的飲食方面下點工夫。

POINT 1　不用急著給狗狗換食物

寵物用品店都有販售熟齡犬專用飼料，像是七歲、十歲、十四歲以上的熟齡犬專用飼料等等，但狗狗身體狀況還不錯，沒有什麼疾病的話，飼主也不一定要換成熟齡犬專用飼料。這是因為低蛋白質的熟齡犬專用飼料容易使身體的老化速度變快，所以身體狀況還不錯的狗狗基本上只要維持原飼料就可以。只有在「換飼料顯然對狗狗更好」時，飼主才要需要幫狗狗換專用飼料。替換飼料的時候也不要心急，要慢慢地從舊飼料替換成新飼料。

POINT 2　高蛋白質、低脂、低卡路里

假如老狗狗沒有肝臟或腎臟方面的問題，那就給予狗狗高蛋白質、低脂肪、低卡路里的飲食吧。例如：把汆燙過的雞胸肉或水煮蛋的蛋白切碎，拌在飼料裡給狗狗吃。這樣就是符合高蛋白質、低脂肪、低卡路里的理想「熟齡犬伙食」。

高蛋白質

低卡　　低脂

POINT 3　以營養補給品補足必要的成分

當飼主發覺狗狗的身體出現老化的徵兆時，可以幫狗狗追加含有輔助身體機能成分的姊妹系列飼料，或是在狗狗的飼料當中添加營養補給品。

熟齡犬的餵食方式

成犬的一日份

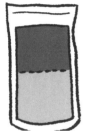

普通熱量的
食物分成
兩餐

成犬時期

以普通熱量的狗糧分成兩次餵食。

熟齡犬的一日份

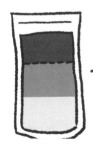

熟齡犬專用
飼料分成
三～四餐

熟齡犬時期

將高蛋白質、低脂肪、低卡路里的食物分成三～四次餵食。

汪 PLUS POINT

一般來說，當食物放在地板上時，狗狗都會低著頭進食，但老狗狗就沒辦法輕鬆完成這個動作。這是因為老狗狗可能有肌力衰退或關節疼痛的問題，所以這個姿勢會讓牠們相當吃力。這時，飼主就可以準備可調節高度的水盆與食盆，讓狗狗在吃飯或喝水時稍微輕鬆一點。除了這個方式，也可以利用雜誌等物品，把水盆跟食盆稍微墊高一點。

水跟食物一樣，都是狗狗每天的必需品。若餵狗狗或貓咪喝富含礦物質的硬水，會增加牠們尿路結石的風險，這是飼主們應該都曉得的常識。那狗狗要喝軟水的話，自來水也可以嗎？接下來我們就來了解一下狗狗的飲用水吧。

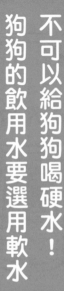

POINT 1　硬水 NG！

硬水含有許多礦物質，如果給予硬水的話，狗狗就會攝取過多的鈣與鎂，不僅有可能害狗狗肚子不舒服，還會增加尿路結石的風險。所以狗狗的飲用水還是要選擇軟水。

軟水　　硬水

POINT 2　自來水 OK！

日本的自來水或國產礦泉水幾乎都屬於軟水，對狗狗而言是安全的水，飼主可以放心地給狗狗喝（有時日本離島的水含有較多的礦物質，飼主記得要注意）。瓶裝的天然水如果也是軟水的話，也沒有問題。

POINT 3　不喝水的話，就餵高湯

狗狗若有尿路結石的問題，或因為拉肚子而脫水，就必須比一般的狗狗攝取更多的水分才行。狗狗如果有這些狀況，卻又不肯乖乖喝水的話，飼主可以試著改成煮過肉的肉湯、用柴魚熬煮的柴魚高湯，這麼一來狗狗就會願意喝了。

消除自來水的次氯酸鈉（氯）的味道

自來水中含有次氯酸鈉（氯），代表水質安全無虞，所以狗狗喝自來水是沒問題的。但如果狗狗討厭次氯酸鈉的味道，不喜歡喝的話，飼主可以試試以下的方法。

凹嗚～好臭喔

曝曬

用水桶或寶特瓶盛裝自來水，然後放在陽光底下曝曬，好天氣時大概幾個小時就可以去除水中的氯氣。

煮沸

煮沸自來水約十五～二十分鐘即可去除水中的氯氣。

※自來水去除氯氣以後容易腐敗，可以的話還是盡量直接給狗狗喝沒有除氯的水吧。

汪 PLUS POINT

在寵物用品店裡，可以看到價格昂貴的寵物專用飲用水，商品的說明書上寫著各自不同的功效，但偶爾也可能看到一些無法以現代科學合理解釋的可疑商品。若給狗狗飲用不合適的水，可能會引發意想不到的問題，所以飼主們千萬要注意這一類的「偽科學」商品。

對於狗狗來說，吃飯時間是牠們的幸福時光，然而飲食也可能引發各種問題，讓飼主經常傷透腦筋。這時，狗狗與飼主強而有力的靠山，就是寵膳食育師。寵膳食育師是貓狗的飲食專家，與他們討論之後，或許就有辦法解決飲食上的「困擾」。

POINT 1　在寵物用品店可以找到他們

寵膳食育師指的是詳悉犬貓的飲食習性、營養、各種飲食模式的優缺點等等，能為飼主們做出適當建議，並且取得寵膳食育師資格的人。像是寵物用品店的店員、寵物美容沙龍的美容師、動物醫院的護理師等等，其中有許多人都具有寵膳食育師的資格。

動物健康促進協會
寵物喵食飯販售店

POINT 2　向他們請教飲食方面的問題

像是自行替狗狗減重瘦身，或是正在為狗狗養病等等，若有關於飲食方面的疑問或困擾，都可以找寵膳食育師諮詢，他們會以專業的角度，給予適合的答案。

POINT 3　飼主可以參加寵膳食育講座

有些寵膳食育師也會舉辦寵膳食育講座或演說，飼主參加這一類的活動，說不定能學習到更多關於狗狗飲食的知識。

這些時候，寵膳食育師就是值得信任的靠山

發生飲食方面的問題時

狗狗出現對食物提不起興趣、進食量不穩定、一吃就吐等各種問題時，建議飼主應該採取哪些因應措施。

關於狗狗飲食的所有問題

寵膳食育師會根據狗狗的飲食習性、營養狀況，從市售狗糧的挑選方式，到自製鮮食的製作方法，給予相關建議。

狗狗要養病或長照的時候

寵膳食育師會告訴我們每一種疾病應該搭配怎樣的飲食方式，長照的時候飲食生活又該如何安排。

汪 PLUS POINT

日本的寵膳食育師是由日本動物健康促進協會（Japan Animal Wellness Association）頒發合格證書的民間資格，寵膳食育師在獲得合格證書之後，每年仍有義務更新寵膳食育師的資格。這樣的制度可以讓寵膳食育師維持良好的狀態。

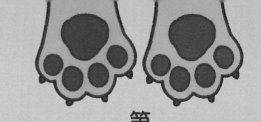

第 **2** 章

用快樂的每一天提高生命力！

狗狗的
「玩耍與生活」

人類被稱讚的時候會覺得開心，被斥責的時候會覺得情緒低落，狗狗也是如此。不過，要是飼主用不對的方式稱讚或訓斥狗狗，不但沒辦法讓狗狗變得更聰明，還可能造成狗狗的壓力，害牠們變得不健康。就讓我們一起學習當個懂得正確稱讚與訓斥狗狗的飼主吧。

POINT 1　稱讚會讓狗狗變聰明

狗狗表現良好時給予稱讚的話，狗狗就會覺得「我這樣做的話，主人是不是就會繼續稱讚我」，飼主便更有機會養出一隻聰明的狗狗。

POINT 2　也不可以完全不責罵

狗狗做了壞事飼主卻不斥責的話，狗狗就會以為「這麼做也不會怎樣」，一再地做同樣的壞事。不管狗狗再怎麼惹人疼愛，做錯事情還是要好好訓斥。

POINT 3　不可以過度打罵

用力打狗狗或大聲斥責，都不是正確的訓斥方式。因為過於激烈的責罰方式會對狗狗造成陰影，深深傷了狗狗的心。
內心的創傷並不是三兩下就能修復的，而且飼主與寵物之間的關係也會受到破壞，因此飼主一定要多加注意。

POINT 4　用對的方式訓斥

有些人認為訓斥狗狗時，可以模仿狗狗之間的威嚇方式。年紀比較大的狗為了讓比牠小的狗狗知道誰才是老大，會跟對方扭打成一團，然後壓制住對方，或是用嘴咬住對方的身體。不對狗狗的身體造成傷痛，讓狗狗在心理方面嘗到失敗的滋味，才是訓斥狗狗的祕訣所在。

正確的讚美方式與斥責方式

讚美的時候

GRACE，你真棒～

由衷地讚美

狗狗有良好的表現時，請飼主要好好地稱讚牠們。像是「GRACE，你真可愛」、「GRACE，你真棒」、「GRACE，你真聰明」等等，只要是稱讚的句子都很 OK，同時也別忘了給牠們摸摸頭。

喊狗狗的名字，給予狗狗讚美

狗狗都記得自己的名字叫什麼，所以飼主在稱讚狗狗的時候，一定要記得一邊喊著牠們的名字。

訓斥的時候要抓現行犯

看到狗狗在做惡作劇之類的壞事時，飼主不可以事後才找牠們算帳，因為這樣做會讓狗狗搞不懂為什麼自己會被罵。飼主一發現狗狗在做壞事，就要當場訓斥牠們。

不可以意氣用事

飼主不可以放縱自己的怒氣，大聲地怒斥狗狗。應該以理性的態度，低聲訓誡狗狗，跟狗狗說明「這是不對的事情」等等。

參考狗狗之間的訓誡方式

狗狗之間會互相壓制、咬來咬去，飼主也可以模仿狗狗在訓誡其他狗狗時的方法。

不行！不可以這樣！

訓斥的時候

許多狗狗都期待每天出門散步。跟主人一起外出散步，是狗狗最幸福的時光。不過，對於飼主來說，散步這件事卻也讓他們傷透腦筋。一次應該走多長的距離才好？哪個時段比較適合出門？狗狗不想繼續走的時候又應該怎麼辦……？那麼，接下來就來介紹關於狗狗散步的基本知識。

POINT 1　考慮毛小孩的運動量

不同品種狗狗的運動量不一樣，每天所需的散步次數與時間也不同。小型犬每天只要散步一次，三十分鐘左右即可；中型犬比小型犬更需要運動，所以通常一天要散步兩次，每次三十分鐘以上；而體型更大的大型犬則是一天兩次，一次一小時以上。可以的話，飼主就盡量帶狗狗到能自由奔跑的空間活動，例如寵物公園等等。

POINT 2　注意散步時段

夏天要出門散步的話，就要在氣溫相對涼爽的清晨或晚上出門。灼熱的太陽會讓毛小孩中暑，而且高溫的瀝青路面還會灼傷毛小孩的肉球。但盛夏的時候，就算是晚上也一樣悶熱，所以帶狗狗出門散步時還是要多加注意。冬天的話，比較理想的散步時段是溫度相對溫暖的白天，要是白天的時間沒辦法配合，也要先做好防寒措施，再帶狗狗出門喔。

POINT 3　絕對不要勉強老狗狗

狗狗也跟人類一樣，上了年紀之後體力會變差。如果還是讓老狗狗繼續維持年輕時期的散步距離與時間，很可能讓關節出現問題，所以飼主們一定要多加注意，千萬別勉強老狗狗。

我們容易在不自覺中犯下的散步錯誤

不要強迫狗狗移動

狗狗突然在散步途中不肯繼續走，也是牠們的散步日常。當狗狗要性子不肯走時，飼主就等牠們一下吧。狗狗還是遲遲不移動的話，飼主可以試著在牠們移動身體的瞬間給食物，讓牠們記得繼續走就會有好事發生。硬是拖著毛小孩前進的話，容易讓飼主與狗狗之間的關係變得緊張，要留意這一點。

不要使用伸縮牽繩

在寬敞的廣場或河岸使用伸縮牽繩，可以讓毛小孩自由地奔跑。伸縮牽繩對於飼主與狗狗而言，是一款好用又方便的散步工具，但平常使用的話，卻是相當危險的。有不少使用伸縮牽繩的狗狗就是因為突然暴衝，結果發生意外事故。所以帶狗狗走在街上或馬路旁散步時，最好還是別使用伸縮牽繩。

不要吊牠們的胃口

在飼主開口說出「散步」二字，或拿起牽繩的瞬間，有些狗狗就會興奮得不得了，開心地橫衝直撞。身為飼主的我們看見狗狗開心興奮的模樣，當然也會覺得很高興，但狗狗太過興奮而往門外衝的話，就有可能發生危險的事情。因此，飼主可以在散步前做點緩衝活動，再帶狗狗出門，例如：在室內或庭院裡玩個遊戲等等，或許就可以讓興奮不已的狗狗稍微冷靜下來。

禁止跟狗狗你拉我扯

散步是由飼主主導的活動，但狗狗拉著牽繩一直往前衝，倒也不是什麼稀奇的事。牽著狗狗的飼主當然會希望把狗狗拉回來，但這種時候就愈不能這麼做，只要先停下腳步就好。因為當飼主停下腳步以後，狗狗也會一起停下來的。

項圈或胸背帶是狗狗散步時不可或缺的工具。不過，如果挑得不好，就會給牠們造成極大的負擔。挑選為狗狗貼心設計的項圈或胸背帶，才不會讓心愛的毛小孩受苦。

POINT 1　不要挑錯款式與材質！

買到不適合的項圈或胸背帶，可能會導致毛小孩的皮膚起濕疹或掉毛。更嚴重一點，還可能磨破毛小孩的肌膚，造成皮膚潰瘍。

POINT 2　選擇項圈或胸背帶

有些飼主應該很煩惱到底要給毛小孩買項圈還是胸背帶，但其實絕大部分的狗狗使用項圈都是OK的。尤其是愛暴衝的狗狗、喜歡亂叫的狗狗、還沒學好規矩的狗狗，更建議給牠們使用項圈。另外，像是柴犬、法國鬥牛犬之類的狗狗比較容易掙脫項圈，而小型犬戴著項圈卻用力掙扎的話，則容易對牠們的支氣管與呼吸器官造成負擔，所以比較建議給這些狗狗穿戴胸背帶。胸背帶是穿戴在軀幹上，所以牽繩拉扯的力量比較分散，對狗狗頸部造成的負擔不像項圈那麼大，只不過，胸背帶的設計就比較容易被狗狗扯到變形。狗狗在散步時如果用盡全力想要往前衝的話，也會不小心把腳掌磨到受傷，飼主們務必多加注意。如果散步要使用胸背帶的話，飼主最好先跟狗狗練習，直到可以控制好散步的速度再讓狗狗穿著胸背帶去散步，這樣或許會比較保險。

項圈、胸背帶的挑選重點

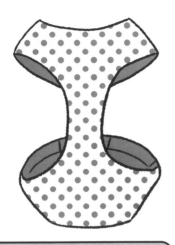

胸背帶

對於容易掙脫項圈、戴項圈就會咳嗽的狗狗，首選是胸背帶。

☐ 接觸面寬，材質柔軟
　→ GOOD！
☐ 不會勒得很緊
　→ GOOD！
☐ 接觸面太細
　→ NG
☐ 接觸面太粗
　→ NG

項圈

不只愛暴衝的狗狗適合，大部分的狗狗都可以使用項圈。

☐ 與頸部的接觸面寬，而且材質柔軟
　→ GOOD！
☐ 與頸部的接觸面太細
　→ NG
☐ 與頸部的接觸面太粗
　→ NG
☐ 項圈上的飾品太大
　→ NG

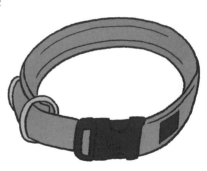

汪 PLUS POINT

如果是老狗狗要使用的話，胸背帶會比項圈更加合適。不少狗狗都是年輕的時候怎麼戴項圈都沒事，一旦上了年紀，就會感受到項圈帶來的負擔。而且，老狗狗的呼吸也比年輕的狗狗來的更加短促，飼主還是繼續給牠們使用項圈的話，便會對牠們的頸部與氣管造成負擔。狗狗上了年紀以後，還是考慮幫牠們換成胸背帶吧。

在冷颼颼的冬天，狗狗的身體會變得僵硬，動作也會變得遲鈍。老狗狗的身體尤其不容易保暖，也較難順應環境的變化，所以牠們的關節或肌肉的活動都會變僵硬不靈活。不僅如此，要是老狗狗突然從溫暖的空間跑到寒冷的空間，也可能引起突發性心臟疾病「熱休克」。在冷颼颼的日子裡，散步前記得先做好暖身運動或伸展操，免得狗狗生病受傷。

POINT 1　用遊戲來暖身

散步之前先在家裡適度玩耍，提升狗狗的體溫。跟狗狗互相追逐一下，或讓狗狗來回走動，就足以讓狗狗的體溫上升。當血液循環變好，就能減輕內外溫差對於身體造成的負擔了。

POINT 2　用伸展操來暖身

做伸展操能夠放鬆僵硬緊縮的關節或肌肉，讓身體變得更靈活。如果是幫老狗狗做伸展操的話，可以先用熱毛巾等工具熱敷關節部位，伸展操的效果會更好。

POINT 3　嚴禁強迫！

伸展操做過頭，也會害狗狗受傷或生病。絕對不可以強硬地把狗狗的四肢往反方向折，也不可以過度拉伸狗狗的肌肉或關節。請各位飼主千萬別強迫狗狗，要根據狗狗的體力或身體狀況，調整伸展操的強度。

48

放鬆四肢關節的伸展操

①坐在地上打開雙腿，抱著狗狗，讓狗狗仰躺在自己的雙腿之間。

②以輕盈的力道，小心地把狗狗的前腳往自己的方向拉伸。請注意別將狗狗的後腿往上拉。

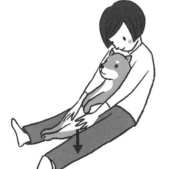

③輕輕地搓揉後腿的膝蓋，輕輕地將狗狗的後腿往地板的方向慢慢地按壓並伸展。

④重複再做一次①～③的步驟，讓每個關節都放鬆。切記動作要「慢且小心」，絕對不可以硬來。
另外，關節要是發出喀喀聲，有可能是關節脫臼了，最好讓狗狗的家庭醫生知道這件事。

狗狗最喜歡的事就是玩耍。玩耍不僅能夠滿足狗狗本能的獵食行為，也能夠消除牠們的壓力，對於狗狗而言是一項相當重要的行為。對於飼主來說，玩耍也是與心愛的毛小孩溝通、交流的絕佳機會，所以還是盡量給毛小孩多一點玩耍的機會吧。

POINT 1　飼主不可以被毛小孩控制

當毛小孩纏著我們陪牠玩耍，而我們也總是照著毛小孩的心意陪牠們玩的話，主導權就會跑到狗狗的身上。而且，要是飼主沒有滿足狗狗對於玩耍的需求，也可能讓狗狗出現一些問題行為⋯⋯。但遊戲的開始與結束，本來就都應該是由飼主主導的才對。所以，當毛小孩跑來要求玩耍時，飼主可以試著讓牠們稍微等一下，再陪牠們玩耍，如此便能夠維持與狗狗之間的主從關係。

POINT 2　「一次玩夠」會造成反效果

有些飼主是不是平常不太跟狗狗玩耍，放假時才一口氣跟狗狗玩很久呢？這對狗狗來說就是所謂的「一次玩個夠，把之前沒玩的份補回來」。雖然我能夠理解飼主們的心情，但要是一口氣跟狗狗玩得太久，也會消耗掉狗狗許多體力。

POINT 3　玩耍的時間短一點也OK

就算玩耍的時間很短也無妨，請飼主每一天都要挪出時間陪毛小孩玩耍。每天陪伴毛小孩玩耍，與牠們交流情感，這才是最重要的。在狗狗表現出「我還想要玩！」的時候中止遊戲，也會讓毛小孩對於下一次的玩耍時間更加期待吧。

不要「一次玩個夠」，每天都陪毛小孩玩一下吧

每天都陪牠們玩的話……

每天都能玩耍的狗狗，不管什麼時候都會精力充沛。就算玩耍的時間再短也無妨，只要能夠跟主人一起玩，牠們就會覺得很開心。可以的話，請飼主們每天都要陪毛小孩玩耍。

跟狗狗一次玩個夠的話……

就像人類不可以在放假時「一直睡覺，把沒睡夠的份補回來」一樣，狗狗也不可以「一次玩個夠，把之前沒玩夠的份補回來」。就算飼主覺得機會難得，應該要陪狗狗多玩一下，也會因此害狗狗玩到筋疲力盡。但在沒有人陪牠們玩耍的日子裡，狗狗就會因為百般無聊，而累積愈來愈多的壓力。

好累好累……

汪 PLUS POINT

狗狗的祖先是野狼，後來經過品種改良，演化出狩獵犬、牧羊犬、工作犬等各種不同品種的狗狗。因此，不同品種的狗狗喜歡的遊戲、沒有興趣的遊戲也不一樣。例如：尋回犬或指示犬等狗狗，就很喜歡能引起牠們狩獵本能的球類遊戲；像是臘腸犬或梗犬之類的狗狗，從前都是負責獵捕獾，所以牠們喜愛挖洞更勝過玩球。

狗狗喜歡玩耍是一輩子都不會改變的事，但這並不代表牠們會一直滿足於一成不變的遊戲。隨著年齡增長，狗狗的興趣、注意力、體力也會不斷改變，所以牠們在幼犬時期、成犬時期以及熟齡犬時期的玩耍方式都會有所改變。飼主應該做的，是按照狗狗的變化，給予不同的應對。

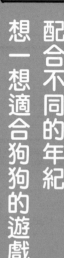

POINT 1　幼犬時代→玩什麼都行！

狗狗從出生到五個月左右都屬於幼犬時期，好奇心旺盛的幼犬不管什麼遊戲都想玩。請飼主給予狗狗一個做什麼事情都不會被責罵的環境，讓牠們可以盡情地大玩特玩。

POINT 2　成犬時代→運動取向

狗狗在一歲半～兩歲就會進入成犬時期。狗狗在三歲左右之前都喜歡運動取向的遊戲，所以飼主可以跟牠們玩賽跑、拔河、打架、傳接球、丟飛盤等等的遊戲，讓狗狗盡情地動個夠。

POINT 3　熟齡犬時代→益智取向

大型犬過了八歲、中小型犬過了十一歲以後，就是銀髮俱樂部的一員了。這個時期的狗狗會變得比較穩重，睡覺的時間也會增加。不過，要是飼主因為這樣就不陪牠們玩的話，狗狗的老化速度就會愈來愈快，可能會讓狗狗動不動就生病。所以，飼主還是要陪牠們玩玩尋寶之類的遊戲，讓牠們享受玩耍的樂趣。要繼續跟狗狗玩運動取向的遊戲也是可以，但記得別強迫狗狗喔。

年紀不同，玩耍的方式也不同

幼犬時代的遊戲

對於好奇心旺盛又調皮淘氣的幼犬，就從簡單的遊戲開始，用一切的遊戲讓他們開心玩耍。飼主把球之類的玩具丟出去，再讓狗狗去撿回來的「我丟你撿」，是一項可以激起狗狗本能的遊戲，不管在室內還是戶外，都可以跟狗狗玩。

成犬時期的遊戲

賽跑遊戲、拔河遊戲、打架遊戲、傳接球、丟飛盤等等，只要是運動取向的遊戲，什麼都可以給狗狗玩。不過，急衝、急煞、急轉彎之類的動作，都會增加狗狗關節的負擔，所以要是狗狗的關節受過傷的話，就要遵照獸醫師的指示，在合理的範圍之內跟狗狗玩耍。

熟齡犬時期的遊戲

考慮到狗狗體力變差等問題，建議飼主陪狗狗玩益智方面的尋寶遊戲等等。也可以在狗狗體力許可的範圍之內，陪狗狗繼續玩他們年輕時就喜歡玩的遊戲。

狗狗的玩耍時間當然少不了玩具。不過，狗狗的玩具也分成許多種，而且隨著年紀增長、季節變化，喜歡的玩具也會不一樣。飼主應該先詳細研究每一種玩具的特徵，並且了解毛小孩的「自我潮流」以後，再尋找適合給狗狗玩的玩具。

配合狗狗「現在的喜好」
給牠們喜歡的玩具

POINT 1　了解各種玩具的特徵

狗狗的玩具可以分為兩種，一種是適合跟飼主一起玩的玩具，一種是適合狗狗自己玩的玩具。飼主要了解各種玩具的特徵，並且懂得在不同的時機給予適合的玩具。舉例來說，前者就有玩傳接球用的球、拔河遊戲用的繩索等等；後者則有用來打架的填充布偶、趴在地上玩的 Kong 葫蘆型抗憂鬱玩具等等。建議飼主挑選方便清潔、乾燥，且方便保持衛生乾淨的玩具。

POINT 2　觀察毛小孩「現在的喜好」

狗狗可能在幼犬時期對某些玩具愛不釋手，但長大以後未必還是那麼喜歡。狗狗對於玩具的喜好會隨著時期而改變，所以要及早找出毛小孩現在的喜好。

POINT 3　別給狗狗容易壞掉的玩具

狗狗把玩具弄壞，不小心把玩具裡的東西吃下肚的情況層出不窮。被狗狗吃下肚的玩具如果還能跟著便便一起大出來都算好，但吞下肚的玩具太大的話，就必須接受開腹手術才能取出異物。要盡量避免讓狗狗接觸到容易損壞的玩具，尤其是狗狗自己看家時，一定要格外注意。

依據不同情境，給予不同玩具

跟飼主一起玩的玩具

可以丟出去再讓狗狗去撿回來、跟狗狗拔河比力氣等等，都是可以跟狗狗一邊溝通交流一邊玩耍的玩具。也能用來當作狗狗學習規矩或訓練的小工具。

狗狗自己玩的玩具

狗狗自己留在家裡時可以獨自玩耍的玩具。狗狗在玩的時候飼主不會在一旁陪伴，所以要選擇耐久性好、安全性高的玩具，絕對不可以給狗狗容易玩壞掉的玩具。毛小孩只玩一種玩具很快就玩膩的話，也可以多準備幾種，輪流給狗狗玩耍。

PLUS POINT

萬一毛小孩不小心把玩具吞下肚，一定要帶狗狗到動物醫院，並且提供玩具的「範本」，讓醫生知道狗狗誤吞了什麼，就算只是玩具的殘骸也不要緊。狗狗在飼主不知情的情況下誤吞異物，而且異物一直停留在胃部的話，狗狗就會頻繁地出現嘔吐等症狀，因此當飼主覺得不對勁時，請馬上帶狗狗去給醫生檢查。另外，有些玩具上面會有尼龍製的棍子，而棍子可能會弄斷狗狗的牙齒，因此請飼主別讓狗狗玩這類的玩具。

為了狗狗的健康，也為了加深與狗狗之間的羈絆，絕對不能不陪毛小孩玩耍。一直跟狗狗玩同一種遊戲的話，狗狗也會玩膩，但飼主有心的話，就可以想出不一樣的遊戲方式。這裡就來介紹幾個能讓狗狗開心玩耍的遊戲方式吧。

不讓愛犬感到無聊
飼主變身遊戲達人

快快跑，慢慢走

帶狗狗散步時，有時可以慢慢走，有時可以小跑步，切換一下前進的速度。為日常的散步添加一點遊戲性質，就會享受到加倍的樂趣。

慢慢地…

快！

雙腿跨欄跳

這是讓狗狗跨越飼主雙腿的簡單遊戲。剛開始可以把腳伸直讓狗狗跨越，等到狗狗成功以後，就可以稍微屈膝，慢慢地增加高度。不過，有很多品種的狗狗不擅長（或不適合）跳躍，請飼主要多加注意。

水槍掃射

拿著水槍左右來回地噴射，被激起狩獵本能的狗狗就會一直追著水，很適合夏天跟狗狗玩耍。

動腦想一想，就會想出更多遊戲！

肚肚抓抓癢

跟狗狗進行肌膚接觸時，可以像是給肚肚抓抓癢一樣，來回搓揉狗狗的肚子。當狗狗自己把肚子翻過來的時候，就是最好的時機。

8 字型繞圈

飼主雙腳打開站立，然後一邊用食物引誘狗狗，讓牠們以 8 字型的方向在我們的雙腳之間繞圈圈。

尾巴甩甩

先把狗狗的尾巴輕輕地綁上面紙或手帕，然後摸摸狗狗，讓牠們搖搖尾巴，把尾巴上面的面紙或手帕甩出去。

紙箱隧道

用紙箱等等的材料做成長長的隧道，讓毛小孩鑽來鑽去。隧道的大小就根據毛小孩的體型來決定吧。

封箱膠帶

掉手帕

準備一個包著食物的手帕，玩遊戲的人坐在地上圍成一圈，其中一人繞著圈走，然後把手帕掉在地上，讓狗狗去找手帕在哪裡。

最近，多了許多穿著T恤、日本傳統服裝「法被」、洋裝等各種衣服的狗狗。本來狗狗就不需要穿衣服，穿這些衣服不過是飼主個人的喜好罷了。不過，應該還是有飼主無論如何都希望能讓自己的毛小孩穿上衣服，展現牠們的魅力的吧。既然如此，那至少還是得注意一下衣服的機能性與安全性。

我家寶貝要穿得美美的！
好看又舒適的寵物衣服

POINT 1　選擇舒適不緊繃的衣服

對於狗狗來說，樣式簡單且材質有彈性的衣服穿起來是很舒服的。一旦狗狗覺得不舒服的話，牠們就會想要用嘴巴去把衣服扯咬下來，結果就一直繞著圈圈轉來轉去。狗狗太過激動的話，還有可能把衣服咬破，害自己受傷。要

好緊喔……

是狗狗表現出不喜歡穿這件衣服的樣子時，飼主就應該幫牠們脫掉。

POINT 2　確實丈量尺寸

選擇合身的衣服是最重要的。要正確地量出毛小孩的頸圍、後背長、胸圍、腰圍、前胸長（如果是訂製的話），為毛小孩選擇穿起來舒適且不壓迫的衣服喔。

POINT 3　別讓狗狗一直穿著衣服

狗狗長時間穿著衣服的話，有時身體可能會產生熱蒸氣，就會導致皮膚炎，或讓狗狗的毛質變差。要讓狗狗穿衣服的話，稍微穿一下就脫掉會比較保險。

選擇狗狗的衣服時要注意這些！

□領口或袖口的部分不會摩擦皮膚。

□不容易從領口或袖口掙脫。

□狗狗經常誤吞衣服上的鈕扣，衣服上的鈕扣等配件不可以對狗狗的健康安全造成影響。

□選擇領口或袖口的材質不會太硬的衣服。

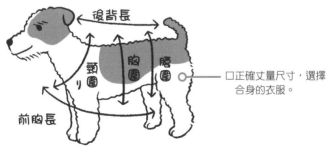

後背長

頸圍

胸圍

腰圍

前胸長

□正確丈量尺寸，選擇合身的衣服。

汪 PLUS POINT

有些品種的狗狗的毛髮較稀疏，而且進入冬季也不會換毛，例如：貴賓犬、蝴蝶犬等等。若要幫這些狗狗準備禦寒衣物，建議飼主可以挑選刷毛材質的衣服。冬天帶狗狗外出散步時替狗狗穿上衣服的話，就可以幫狗狗保暖禦寒了。

每一位汪汪的飼主應該都想過：「要是聽得懂毛小孩在講什麼就好了……」想要真的聽懂「汪星語」，實在是一件很困難的事，但狗狗其實會用各式各樣的叫聲，表達牠們的心聲，例如「汪汪！」、「嗚……嗚……」、「齁齁齁……」等等。接下來要介紹幾種代表性的狗叫聲，以及這些叫聲所傳達的意義。

POINT 1 「嗚……汪！」代表要找人玩耍

狗狗的前腳往前趴，屁股往上翹，然後發出「嗚……汪！」的叫聲，通常就是在說：「跟我玩！」看見這幅景象，你是不是也會不自覺地露出笑容呢？

POINT 2 「嗚……嗚……」是狗狗的求救訊號

當狗狗蜷曲著身體，無助地發出「嗚……嗚……」聲，也許就是牠們因為某些原因而感到不安或恐懼，我們可以將這個叫聲認為是狗狗發出的SOS。

POINT 3 「嗷嗚！嗷嗚！」是狗狗在自我陶醉

當狗狗忙個不停地大聲發出「嗷嗚！嗷嗚！」的叫聲，就算被飼主阻止也還是不肯停下來的話，牠們當下的狀態或許是沉醉在自己的叫聲之中。

POINT 4 「齁齁齁……」是備戰狀態

狗狗齜牙咧嘴地發出「齁齁齁……」聲，是代表牠們正在告訴對方「我很厲害」。根據對方的態度，牠們可能會發動攻擊，所以一定要小心。

60

解讀「汪星語」！

叫聲	狀況	意思
嗚⋯⋯汪！	開心地把前腳往前伸，並且翹高屁股	跟我玩！
嗚⋯⋯嗚⋯⋯	蜷曲著身體，無助地發出叫聲	救救我⋯⋯
嗷嗚！嗷嗚！	忙碌且高聲地叫著	啊哈！（自我陶醉）
齁齁齁⋯⋯	齜牙咧嘴地威嚇他人	想打架嗎？
汪汪汪！汪汪汪！	持續大聲吠叫	想都別想！
嚶！嚶！	撒嬌的樣子	快點快點
嗚嗚嗚⋯⋯汪！	像是大聲制止一樣	我就叫你停了！
哼⋯⋯哼⋯⋯.	可以聽到狗狗的鼻子發出輕微的聲音	我快要 受不了了⋯⋯
嘩嚶⋯⋯	像是小嬰兒在哭泣一樣	我已經受不了了！
嗷⋯⋯汪！	就像用著響亮的聲音在附和一樣	我在這裡唷吼～
汪汪！	強調的口氣	你給我出去！
汪！	就像在恫嚇一樣	很煩欸！走開啦！
嗷嗚！嗷嗚！ 嗷嗚⋯⋯嗷嗚⋯⋯	從高亢的聲音變成低沉的聲音	我真的好想你喔！
汪汪！汪汪！	就像在跟主人講話一樣	欸！ 好像有什麼欸！
齁！齁⋯⋯	像在低吼一樣	你敢靠近， 我就咬你喔⋯⋯

※出處：《これでイヌともっと話ができる70の大切なこと》（EARTH STAR Entertainment 出版）

開著車上山下海，與毛小孩在大自然玩耍嬉戲，是人生一大樂事。不過，長程旅途對狗狗來說並不是件輕鬆的事。不少的狗狗一開始很不安，結果後來一興奮就不小心尿尿了，也有狗狗因為暈車而嘔吐。飼主應該怎麼做，才能讓毛小孩體驗一趟舒適的長程兜風呢？

POINT 1　讓毛小孩習慣搭車

狗狗不習慣搭車的話，上車以後就會焦躁不安，因此飼主的當務之急就是排除狗狗的不安情緒。飼主可以把狗狗帶到車上，讓牠們聞一聞車上的味道，然後發動引擎，讓牠們習慣車子的振動。等到狗狗習慣得差不多的時候，就可以試著讓狗狗體驗一下短距離的兜風。

POINT 2　搭車前三個小時完成進食

狗狗也跟人類一樣會暈車。若要避免狗狗暈車，最晚在上車前三個小時就要讓狗狗吃完飯，還要先讓狗狗吃下動物醫院開的暈車藥，也別忘了先讓狗狗上完廁所。

POINT 3　嚴禁緊急煞車

小心駕駛，安全第一。要是開車的人緊急煞車、過彎太快，就算狗狗事前吃了暈車藥，還是可能暈車的。

POINT 4　定時休息

三十分鐘～一小時就要停車休息，讓狗狗下車上廁所，補充水分。帶狗狗下車時，務必使用牽繩牽好狗狗。

與狗狗一同搭車時要注意的事情

狗狗的座位在後座

要讓狗狗坐在汽車的後座。狗狗會動來動去的話，就用胸背帶等物品來固定，別讓牠們去干擾開車的駕駛。如果飼養的是小型犬，也可以把狗狗放進車用寵物籃或是寵物外出籠裡。

車窗要關上

車窗打開，狗狗可能會不小心掉出車外，非常危險。就算要開窗，最多也只能打開到狗狗的鼻子勉強塞進窗縫的程度，而且還要把電動車窗的遙控鎖起來。夏天開車載狗狗兜風，就要打開車內空調，避免狗狗中暑。

避免暈車

狗狗在出發前三個小時就要完成進食，還要讓狗狗上完廁所，吃暈車藥。如果是長途的兜風，每三十分鐘～一小時就要稍微休息一下。

汪 PLUS POINT

有些狗狗怎麼練習還是無法習慣搭車，一上車就會發抖個不停。這樣的狗狗都認定「車子＝討厭的地方」，所以飼主要做的就是扭轉牠們對於車子的壞印象。飼主可以開車載狗狗到寵物公園，或是牠們的狗朋友出沒的場所等等，讓狗狗多體驗幾次愉快的搭車經驗以後，就可以讓狗狗形成「車子＝開心的地方」的印象。

狗狗認為牠們也是這個家的一員，想跟主人盡量待在一起。所以，要是讓牠們長時間獨自顧家，狗狗就會產生滿滿的寂寞與不安，也會累積許多壓力。而狗狗會用惡作劇的方式表現出牠們的壓力，壓力也讓狗狗容易生病，所以飼主們要盡量幫狗狗消除這樣的情緒。

POINT 1 　別讓牠們看家超過十小時

如果飼主是一個人居住，或同時都要出門上班的話，狗狗是不是每天都要顧家九～十個小時呢？考慮到狗狗上大小號的規律，飼主盡量別把狗狗獨自留在家裡超過十個小時。
狗狗還是幼犬的話，飼主最好把外出時間控制在四個小時以內。

POINT 2 　要說「拜託你了、謝謝你喔」

狗狗也會認為牠們是這個家的一員，飼主可以利用這一點，出門前跟狗狗說：「拜託你看家了喔！」然後回家的時候再跟狗狗說：「你真棒！謝謝你顧家喔！」這麼一來，狗狗便會產生被信賴的感覺，也會感到很滿意。

POINT 3 　擔心的話，就裝設監視器

讓狗狗看家也不是飼主願意的，只要一想到狗狗孤伶伶又可憐兮兮的模樣，大概也會覺得很難過吧。像這種時候，建議可以使用「監視攝影機」。在室內裝設監視攝影機的話，飼主便可透過手機或電腦，即時觀看毛小孩的模樣。

要怎麼做才能消除毛小孩看家時的不安情緒呢？

撥放音樂

不是搖滾或饒舌之類的音樂，而是有生活中各種聲音的環境音樂，這樣狗狗就會覺得家裡還是有人在。

播放體育節目

播放棒球或足球比賽的直播，讓看家中的狗狗聽得到比賽會場的歡呼聲以及主播的聲音，進而消除牠們的不安。

玩具

給狗狗一些布偶玩具，讓狗狗將布偶當成牠們的朋友。適合剛出生不久的幼犬，以及愛撒嬌而不喜歡看家的狗狗。

汪 PLUS POINT

讓狗狗看家的時候，你是不是會在出門之前以及回家之後，很誇張地親一親、抱一抱狗狗呢？我能理解飼主們的心情，但這麼做的話，就會讓狗狗以為看家是一件重要無比的事情，結果變得不喜歡看家。不管出門前還是回家後，飼主都要盡量保持冷靜的態度喔。

想跟心愛的狗狗一直膩在一起是人之常情。不過，有時我們要出遠門參加一些婚喪喜慶，又或者是因公出差等等，沒辦法帶著狗狗一起出門。這時，我們就會想到將狗狗寄宿在寵物旅館。接下來就要介紹狗狗寄宿寵物旅館時要注意的一些小細節，以及飼主挑選寵物旅館的重點。

POINT 1　注意毛小孩的身體狀況

年輕健康的狗狗要住宿，倒是不必太過擔心，但如果是容易生病的狗狗或老狗狗，就必須留意牠們住宿前的身體狀況，要是在住宿期間生病的話，事情就麻煩了。假如狗狗的身體狀況不是很好，飼主本來就應該避免連日外出。

POINT 2　先讓毛小孩習慣狗籠

在寵物旅館住宿的狗狗，通常都要在狗籠裡度過大半的寄宿時間。狗狗不習慣關籠的話，極有可能造成身體出現問題，或情緒恐慌不穩，所以飼主平時就必須讓狗狗先習慣關籠的感覺。

POINT 3　完成預防接種

有些寵物旅館會規定寄宿的狗狗必須完成疫苗注射等等。寵物旅館會有許多狗狗進出，為了守護毛小孩的身體健康，飼主應該在寄宿前讓牠們完成接種。

POINT 4　與店員進行溝通

將毛小孩的個性以及特徵，告訴負責照顧狗狗的店員。如果寵物旅館接受飼主自備飼料的話，也可以麻煩他們餵狗狗平常吃的飼料。

最近新開了許多寵物旅館
如何挑選值得信賴的寵物旅館

寵物寄宿旅館的挑選重點

先了解寵物旅館的環境

狗狗的性命要託付給寵物旅館,所以狗狗究竟會住在怎樣的環境之下,可是一件無比重要的大事。要先確認好寵物旅館使用的狗籠大小、環境清潔是否確實、環境是否散發惡臭味等等。

觀察員工的應對

員工在電話中或現場接待的應對,也會反映出寵物旅館的水準。詳細地向接待人員提出你的疑問,找出能夠仔細又有耐心地回答問題的員工,為狗狗選擇有他們服務的寵物旅館吧。

確認收費制度

每一間寵物旅館的收費制度當然都不一樣。最好選擇明確公告收費制度的寵物旅館,以免後續衍生問題。

汪 PLUS POINT

如果能夠將狗狗寄宿在狗友家、附近的朋友家、值得信任的朋友家,不用讓狗狗去住寵物旅館,當然會是更好的辦法。如果要寄宿在狗友家,平常就可以讓狗狗互相往返對方的家,讓牠們覺得對方的家就是牠們的「第二個家」,萬一真的要寄宿的時候,才會比較順利。對於狗狗而言,寄宿狗友家造成的壓力也會比住在寵物旅館來得小。或者也可以拜託住在附近的朋友,請對方到家裡幫忙照顧一下狗狗。

並不是所有的飼主都願意讓狗狗寄宿好幾天的寵物旅館，希望牠們就繼續待在自己熟悉的環境裡。除此之外，也有一些情況是因為狗狗不容易適應環境變化，才沒辦法長期寄宿在寵物旅館。像是遇到這種情況時，請一位寵物保母來照顧狗狗也是個不錯的辦法。

POINT 1　了解寵物保母的優缺點

從狗狗的飲食、散步，到排泄物的清理、冷氣空調的控制等等，連飼主提出的細微要求都能夠配合的，正是寵物保母，而寵物保母的行情，大概會比寵物旅館高一點。但狗狗可以繼續待在牠們熟悉的環境裡，飼主也就不必擔心造成狗狗的心理壓力。不過，飼主可能還是會擔心寵物保母的本領，或是擔心提供備份鑰匙讓不認識的人進入家中，會洩露個人隱私等等。

POINT 2　面談時要睜大眼睛看清楚！

寵物保母是不是個值得信任的人，可是個相當重要的問題。如果是熟人介紹的話，或許還可以稍微放心，但如果對方是完全不認識的人，就必須要從頭開始建立起信任關係。所以，飼主一定要好好地進行事前面談，才能了解對方是個怎樣的人。

POINT 3　與狗狗合得來也很重要

寵物保母要照顧的是狗狗，不是飼主，所以就算飼主覺得對方值得信賴，重點還是要看狗狗跟對方合不合得來。飼主在與寵物保母面談的時候，也別忘了確認一下這一點。

面談時要確認這些內容

對方的來歷？

向對方索取名片，看看對方的來歷。對方若是擁有特定動物業管理員等等的身分，也會讓飼主覺得更能信賴。另外，還要向對方索取可以直接聯繫的聯絡方式，以防萬一。

人品如何？

在對話過程中，看看寵物保母的人品如何。除了確認對方的人品，也要檢視對方在寵物托育這方面是否具備高度的專業意識。

要怎麼照顧毛小孩？

具體地確認好照顧內容，像是什麼時候會來家裡？要進行那些工作等等。飼主一定要事前確認好要餵哪一包飼料、飼料的份量多少、散步要走哪一條路線，多久打掃一次等等。

費用會不會太貴？

寵物保母通常都是以一小時〇〇元等方式來收費，但有不少的寵物保母還會針對一些 🐾 額外收費，例如：散步費、餵藥費等等，或者是要求飼主負擔交通費用。收費規定清楚的寵物保母，才是好的寵物保母。

跟毛小孩合得來嗎？

讓寵物保母摸摸看狗狗，看看他們合不合得來。要是狗狗跟對方合不來，可能因此產生壓力的話，也許飼主應該另尋高明。

遇上災害的時候，狗狗該怎麼辦？

日本是個自然災害頻發的國家，歷史上曾遭遇地震、火山爆發、海嘯等自然災害，也被稱為災害大國。而且，日本也被預測未來將有極大的機率發生大地震。

大地震來的時候，只有我們人類要避難逃生的話，或許還不是太難，但如果有飼養寵物的話，那就另當別論了。想帶著心愛的狗寶貝一起避難，可不是那麼簡單的一件事。災害發生時，狗狗可能會驚嚇得到處逃竄；我們在慌亂之中逃難，大概也來不及一起帶走狗狗的糧食；帶著狗狗住進避難所，還可能遭受其他人的白眼……。

接著，就來一起學習緊急情況時的逃生避難技巧，讓飼主知道該怎麼做才能與狗寶貝一起活下去。

人命優先是最大的前提！

地震等災害發生時，請飼主先確保自身的性命安全。我能夠理解飼主們「不管怎樣，我就是要先保住狗狗的性命」、「我自己怎樣都無所謂，一定要救我的狗狗」的心情。從某種意義而言，這也是身為飼主的自然情感表現。

只是，要是飼主有個萬一，不幸罹難的話，狗寶貝雖然安全獲救，也不曉得會不會有人願意照顧牠。而且，狗狗的運動能力比人類好，就算暫時待在狹小的環境裡也不成問題，所以其實牠們的存活機率還比飼主來得高。

所以，請飼主們先確保自身安全無虞，再來考慮狗寶貝的事情吧。

有備無患！

在思考如何與狗狗一同防災、降低災害損失的時候，最重要的一件事就是事前做好萬全的「防災準備」。防災準備大致方為兩個方向。

第一個是模擬實際災害發生時的狀況。例如：半夜發生大地震、狗寶貝在混亂中走失等等，假設各種可能發生的情況，事先想好應該怎麼做、準備哪些用品，來因應這樣的情況。

第二個則是事前準備好狗狗的緊急避難包。遇到緊急狀況而需要避難的時候，狗狗的糧食、飲用水、外出籠、尿布墊等各種物品，都不容易在第一時間拿到，所以都必須要事先準備好。

寵物的緊急避難包

帶著狗狗避難時，應該優先準備的防災物品，大致上分為兩種。

① 狗狗的糧食、食器、飲用水、常備藥、處理排泄物的工具、上廁所的用具、寵物外出背包或提籠、備用的項圈及牽繩等等。

② 狗狗的緊急聯絡冊，上面要寫著飼主的聯絡方式、飼主的親戚等其他聯絡人與聯絡方式、有狗寶貝的照片或畫像、疫苗接種狀況、狗狗的家庭醫師等資訊。

除了這兩大項的物品，要是可以一起帶上像是73、74頁介紹的防災工具，對於狗狗的避難生活也會有很大的幫助。

另外，有些避難所雖然接受狗狗跟飼主一同進入，但狗狗若是沒有接種狂犬病疫苗或多合一疫苗，可能還是無法進入。所以，狗狗若已接種疫苗，請飼主要準備好能夠證明接種狀況的文件資料。

①關乎狗狗性命與健康的防災物品

FOOD　水　寵物尿布墊

②關於狗狗或飼主的資訊

約翰 6歲

預防針
狗狗的家庭醫生
〇〇醫院
Tel 006-8888

狗狗的餵藥手冊

汪喵防災便利包巾

※PEPPY

這是一款長寬約110㎝，以撥水性極好的聚酯纖維製成的包巾。可以用來背寵物、當成鋪墊、覆蓋寵物外出提籠、為寵物禦寒等等，用途相當廣泛，攜帶與收納也相當方便。這款防災便利包巾分成四個區域，並以圖解的方式列出使用方式、緊急避難包的打包清單等便利資訊，最中間的部分還可以寫上飼主與愛犬的資料。

折疊式寵物露營帳篷

可以在避難場所當成替代狗籠使用的折疊式寵物露營帳篷。因為是可折疊式的帳篷，不使用的時候也能折起來收納，不占用太多空間，攜帶也很方便。礙於帳篷尺寸的關係，中型犬或大型犬也許無法使用，但如果是小型犬的話，一次還可以容納好幾隻。

BOUSAI GO BAG

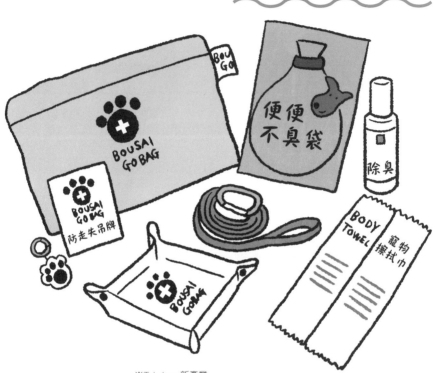

※Takakura 新產業

這一款輕巧型的寵物避難組合包，是根據在受災地進行的調查，嚴選了六間寵物用品商的緊急避難商品（除了食品）。內容共有八種商品，包含超細纖維毛巾、折疊式水盆、繩子、牽繩、擦澡巾、排泄物的防臭袋、除臭噴霧、附 QR code 的寵物防走失吊牌，能讓狗狗在災後度過好幾天避難生活的各種商品一應俱全。

遇上災害的時候，該怎麼行動才好？

發生災害的時候，首先要確保飼主與家人的安全。這是我們前面所說的「以人命為第一優先」。

在確保我們自身的安全以後，再來就是毛小孩了。飼主要好好安撫被突如其來的天災給嚇壞的狗狗，注意別讓牠們逃跑或受傷了。

飼主與家人以及狗寶貝都平安無事的話，接著就要面對下一個避難階段。救援物資等等的政府支援，有時都是在災害發生數日後才會抵達。在那之前，飼主必須自立自強，照顧好自己的毛小孩。

身旁若是有同樣境遇的人，那就互相幫忙，一起度過危機吧。

沒事了，乖乖喔

飼主與寵物的同行避難流程

日本政府的避難方針原則上是「飼主與寵物同行避難」。不過，避難所都是委託各地方自治體等等負責營運，有些地方的避難所可能會規定「寵物不得同行」。

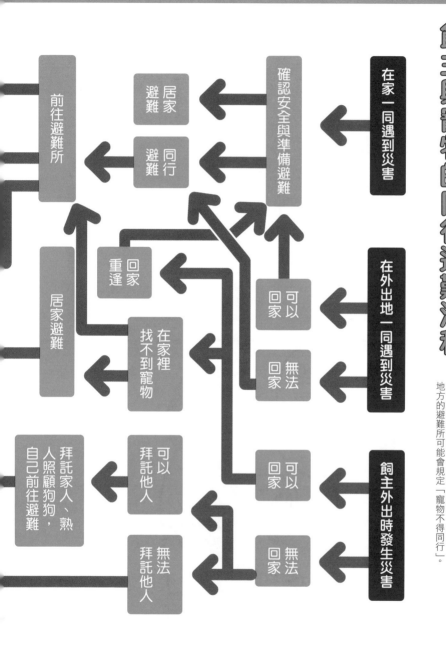

76

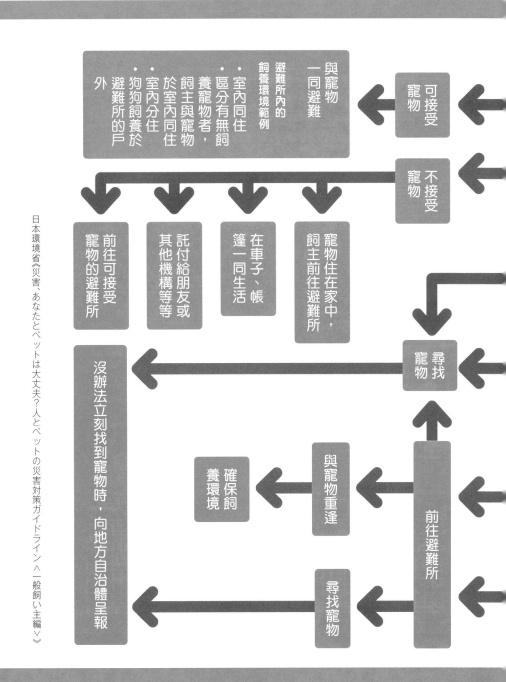

與寵物一同避難

避難所內的飼養環境範例

・室內同住
區分有無飼養寵物者，飼主與寵物於室內同住

・室內分住
狗狗飼養於避難所的戶外

寵物可接受

寵物不接受

前往可接受寵物的避難所

託付給朋友或其他機構等等

在車子、帳篷一同生活

寵物住在家中，飼主前往避難所

尋找寵物

沒辦法立刻找到寵物時，向地方自治體呈報

與寵物重逢

確保飼養環境

前往避難所

尋找寵物

日本環境省《災害、あなたとペットは大丈夫？·人とペットの災害対策ガイドライン＜一般飼い主編＞》

與狗狗一同度過的避難所生活

遇上災害而必須去避難時，我們會帶著毛小孩一同前往避難所。不過，並不是所有的避難所都開放狗狗進入。避難所裡可能有些人不喜歡動物，或是有些人對動物過敏，所以要帶著狗狗一同住進避難所真的不容易。

就算是開放給寵物進入的避難所，寵物基本上都要住進寵物專用籠。每一間避難所的規定都不太一樣，但很可惜大部分的飼主跟寵物都不能待在一起。

狗狗不得不在陌生的環境裡生活，可能會因為不安與壓力而導致身體出現狀況。有不少的飼主便是因為這些原因，而選擇住在車子或帳篷裡避難，才能跟狗狗一起生活。

寵物的避難所

對不起…

══════ **寫下寵物及飼主的資料，一併放進緊急避難包** ══════

寵 物 的 資 料			
臉部特寫照 〔可以的話，飼主也一同入鏡〕		全身照 〔盡量拍出身上的紋路或尾巴形狀等特徵〕	
名　字		性　別	公・母／已・未　結紮
品　種		體　重	
毛　色		出生年月日	（　　）歲
植入晶片	未植・已植（編號　　　）	身分登記吊牌的號碼	（犬）
疫苗接種	未接種・已接種（種類　　　　　　）最近的接種日　年　月　日		
病史	〔慢性病、正在服用的藥物、過敏等等〕		
個　性			
特　徵			

飼 主 的 資 料			
姓　名		家人的姓名	
電　話	住家	手機	
郵件地址	①	②	
住　址			
緊急連絡方式		電話	
常去的動物醫院		電話	

思考一下避難所之外的生活方式

假如狗狗難以在避難所裡生活的話，或許就應該思考一下讓狗狗在別處生活。

舉例來說，假如原本住的房子沒有太大的損害，不用擔心倒塌或發生火災等等的話，跟狗狗一同在熟悉的屋子裡居家避難，或許會是更好的選擇。飼主也可以選擇讓狗狗繼續住在家裡，然後他們住進避難所，只有要餵狗狗吃飯的時候，才回家照顧狗狗。重要的是降低狗狗的壓力。

另外，飼主還有許多方式可以參考，像是選擇我們之前說過的車內避難生活、帳篷避難生活，或者是將狗狗寄宿在寵物旅館等等。自行照顧有困難的話，或許就必須考慮將狗狗寄養在親戚或朋友家。

臨時避難所

80

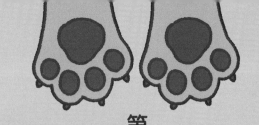

第 3 章

當一隻漂亮有活力的狗狗！

狗狗的
「健康與美容」

狗狗的健康標準之一，就是看牠們是不是過胖。狗狗不會克制自己，只會一直吃牠們想吃的食物，所以要是飼主順著牠們的意，讓牠們一直吃的話，過沒多久就會養出一隻胖狗狗。肥胖與內臟疾病、糖尿病、關節炎等許多疾病息息相關，因此預防狗狗肥胖是飼主們的重責大任。

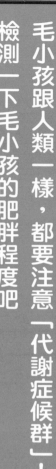

毛小孩跟人類一樣，都要注意「代謝症候群」！檢測一下毛小孩的肥胖程度吧

POINT 1 成犬以後就會變胖

進入成犬時期以後，狗狗的基礎代謝就會下降，再加上吃得太多，又運動不足，才會變得愈來愈胖。

另外，做過結紮手術的狗狗、喜樂蒂牧羊犬或尋回犬等品種的狗狗，通常也都比較容易發胖。

POINT 2 預防肥胖是飼主的責任

飼主不要餵那麼多的話，狗狗基本上是不會過胖的。換句話說，飼主若能克制自己，別餵狗狗吃那麼多東西，就可以避免毛小孩過胖。請飼主要牢牢記住這件事，照料好狗狗每一天的飲食吧。

POINT 3 以BCS檢視肥胖程度

BCS（體態評分標準）是一項指標（參考P83），這項指標是從狗狗的側面及背面檢視狗狗的肥胖程度。在BCS的5個程度當中，程度「3」是最理想的體格。

你家毛小孩有過瘦或過胖嗎？

BCS（體態評分標準）與體型		特徵
BCS 1 ↓ 過瘦		腰線明顯凹陷。沒有皮下脂肪，很容易就摸到肋骨。
BCS 2 ↓ 稍瘦		腰線凹陷。僅有一點皮下脂肪，很容易就摸到肋骨。
BCS 3 ↓ 理想		腰線勻稱。可以感受到薄薄一層的皮下脂肪底下的肋骨。
BCS 4 ↓ 微胖		幾乎沒有腰線。皮下脂肪過多，不容易摸到肋骨。
BCS 5 ↓ 過胖		腹部下垂，背部寬厚。覆蓋一層厚厚的皮下脂肪，摸不到肋骨。

PLUS 汪 POINT

MCS（肌肉狀況評分）是一項評估動物肌肉狀況的指標，飼主除了要檢查狗狗的BCS，同時還要配合MCS。要是減肥方式不當或過度減肥，在減少脂肪的同時，身體所需的肌肉也會變少。飼主也要注意狗狗的MCS，以免上述的情況發生，以養出「微肌肉型狗」作為目標吧。

確認狗狗的健康狀況時，極其重要的判斷來源就是牠們的便便與尿尿。當狗狗的大小便有別以往時，就是生病的警訊。飼主們要習慣每天檢查狗狗的大小便，才不會不小心漏掉這些重要的訊息。

POINT 1　養成檢查大小便的習慣

狗狗的大小便會因為消化器官、泌尿器官，甚至是全身的狀況，而有所變化。所以，只要飼主平常就習慣觀察毛小孩的大小便，便能在第一時間察覺毛小孩的身體變化。只有飼主才能查覺到毛小孩是不是哪裡不對勁。

POINT 2　發現有異狀，就要就醫

飼主在檢查狗狗的大小便時，要是覺得不太對勁，就要帶狗狗去動物醫院，而且還要帶著狗狗的大小便。雖然獸醫師也沒辦法只靠大小便就診斷出狗狗的狀況，但只要讓醫生進  一步檢查，我們就可以知道狗狗的身體狀況。要是飼主自作主張，覺得只是自己多慮，可能就會因此錯失良機，危及狗狗的性命。總之，最重要的一件事，就是交給醫生來診斷狗狗的狀況。

POINT 3　觀察排泄物的重點

不論是大便還是尿尿，飼主都要確認顏色、氣味、量、次數。正常的便便通常都是咖啡色，便便裡頭有血的話，就會帶點紅色或是偏黑。如果是嚴重的血尿，尿尿就會散發鐵的味道；而當狗狗的尿液顏色偏淡時，則可能是腎功能衰竭等問題。

便便與尿尿的檢查重點

便便的檢查重點

□偏黑→約莫在胃～小腸的部位有
　出血的情況。

□帶紅色→約莫在大腸～肛門的部
　位有出血的情況。

□乾硬→水分不足、腸道蠕動不佳。

□稀爛→下痢。

□大不出來→便秘或下痢都有可能。

尿尿的檢查重點

□偏紅→尿液中有血（血紅素尿）。

□偏咖啡色→腎臟～膀胱的部位有
　出血的情況。

□尿液混濁→尿液中有細菌繁殖。
　也可能是尿結石。

□發臭→尿液中有細菌繁殖。

□經常漏尿、滴尿→可能是膀胱炎。

PLUS POINT

動物醫院通常都會告訴飼主：「麻煩你們帶狗狗剛上不久的大小便，這樣比
較方便進行檢查。」採集大便通常比較容易，但要收集狗狗的尿尿可就不簡
單了。要收集尿尿的時候，飼主有幾個方式可以試試，例如：使用湯勺或水
瓢來接狗狗的尿尿，或是在狗狗平常尿尿的地方鋪上塑膠袋或保鮮膜，然後
再用滴管吸取尿液。收集好狗狗的尿液之後，就要立刻送到動物醫院，因為
要是放到隔天的話，尿液檢查的數值就會不一樣了。

狗狗基本上不吃甜食，所以幾乎不太會蛀牙。不過，隨著年紀增加，狗狗的牙結石也會愈來愈多，牙結石就可能引起齒槽膿漏的問題。而齒槽膿漏惡化以後，還會引發各種健康問題，因此飼主還是要趁早開始為狗狗做牙齒保健喔。

POINT 1　預防第一！

很多狗狗都不喜歡人家弄牠們的口腔，在牠們長大之後，通常就不太給飼主刷牙。飼主可以帶狗狗到動物醫院洗牙，但有時就要承擔全身麻醉的風險等等。因此，最有效果的牙齒保健方式，還是讓狗狗從幼犬時期就習慣刷牙，預防牙結石。

POINT 2　一日一次的頻率最理想

給狗狗刷牙時，基本上都會使用牙刷。狗狗還不習慣使用牙刷的話，先用潔牙濕紙巾幫狗狗清潔牙齒也無妨，但使用濕紙巾不容易清潔到較深處的牙齒，所以請飼主還是盡量使用牙刷幫狗狗潔牙。若能夠每天幫狗狗刷一次牙，那會是最理想的狀態。

POINT 3　也要定期給獸醫檢查牙齒

只要狗狗養成刷牙習慣，也保持正確的飲食習慣，大多數的狗狗都可以有一口健康的牙齒。不過，即使狗狗的牙齒保健已經做得很好了，可能還是會有一些飼主看不到的問題存在，所以建議飼主每年都要帶狗狗到動物醫院，做一次牙齒的健康檢查。

給予獎勵，讓狗狗變得愛刷牙！

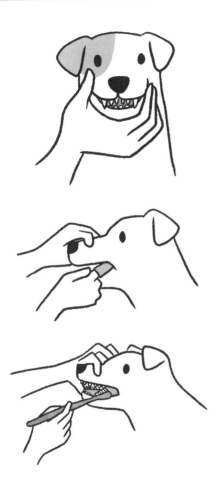

①摸摸嘴邊

溫柔地摸摸狗狗的嘴邊。溫柔地摸摸牠們的嘴邊，然後給牠們一點食物，慢慢地增加狗狗讓人觸碰嘴邊的時間。

②摸摸牙齦

狗狗的嘴巴閉著也沒問題，溫柔地摸一摸牠們的牙齒或牙齦的位置。狗狗乖乖給飼主摸的話，就可以給牠們獎勵（食物）吧。

③使用潔牙濕紙巾

等到狗狗習慣給人觸碰嘴巴之後，就可以使用市售的潔牙濕紙巾或沾濕的紗布，幫狗狗把牙齒搓乾淨。先清潔前面的牙齒，再清潔後面的牙齒，每告一個段落，別忘了給狗狗一點獎勵。

④使用牙刷

等到狗狗習慣用潔牙濕紙巾以後，接著就可以挑戰看看使用牙刷。沾上牙膏的潔牙效果會更好，但狗狗不喜歡牙膏的話，不沾牙膏也沒關係。

汪 PLUS POINT

狗狗也是會掉牙的。如果是乳牙脫落的話，倒是沒什麼大礙，但如果是因為齒槽膿漏等問題，而導致狗狗的牙齒鬆脫，也是有可能發生大量出血的情況。這樣的案例相當罕見，但的確有狗狗失血過多而亡，所以檢查狗狗的口腔時，要是發現有出血的問題，就應該帶狗狗去看醫生。

應該有不少飼主都很不擅長幫狗狗剪指甲吧。狗狗的指甲太長就容易折斷，所以必須要定期修剪。只是，很多狗狗都討厭被人觸碰纖細敏感的腳掌，有些狗狗甚至還會因此大失控。那麼，飼主應該怎麼做，才能順利地幫狗狗修剪指甲呢？

POINT 1　從小養成剪指甲的習慣

不想讓狗狗抗拒剪指甲，最重要的是從小就讓牠習慣給人剪指甲。幫狗狗剪指甲就跟幫狗狗刷牙一樣，只要牠們慢慢習慣，反應就不會那麼激烈了。

POINT 2　要注意別剪過頭！

狗狗的指甲裡面有血管與神經，所以牠們才會這麼討厭給人摸腳掌。要是不小心把指甲剪得太短，狗狗不但會覺得痛，還會因此流很多血，也會讓狗狗更害怕與抗拒剪指甲。

幫狗狗剪指甲時，只要剪掉指甲的前端即可，大概是離黑色中心部分

剪掉中心點前端
約 2～3 ㎜ 的部分

約 2～3 ㎜ 的部分，這樣就不會不小心修過頭。

POINT 3　無法自理的話就帶去醫院

與其自己跟狗狗搏鬥，結果最後還是沒剪成功，倒不如直接請動物醫院或寵物沙龍的人代勞。他們可以迅速地幫狗狗剪完指甲，飼主也不必花費太多的費用。

88

把狗狗夾在腋下，分次進行剪指甲任務

②用腋下夾住狗狗

右手環抱狗狗，用左邊的腋下夾住狗狗，注意別太用力。

①讓狗狗放鬆

請摸摸狗狗，跟狗狗說說話，讓牠們放鬆下來。或許可以餵牠們吃點東西，讓牠們的心情變好。

把狗狗夾在腋下

把腳掌往後折

④分次進行

一根一根慢慢剪，狗狗剪到一半就生氣的話，就先暫停吧。還沒剪到的指甲之後再剪也沒關係。修剪狗狗的指甲，請使用狗狗專用的指甲剪。

③把腳掌往後折

狗狗若是看見剪指甲的樣子，就會非常害怕，所以飼主可以將狗狗的腳掌往後折，讓牠們看不到剪指甲的樣子。

汪 PLUS POINT

萬一不小心剪失敗，剪到狗狗的血管，請立刻使用面紙或紗布幫狗狗加壓止血，要是血流不止的話，就要帶到動物醫院。只是，萬一動物醫院又剛好休診的話，那事情就麻煩了。所以，要幫狗狗剪指甲的話，記得選在動物醫院的營業時間進行。自己嘗試剪了好幾次都失敗的話，還是交給動物醫院或寵物沙龍，不必堅持一定要自己幫狗狗剪指甲。

狗狗的耳朵具備自淨能力，幾乎不需要飼主幫牠們清潔耳朵。不僅如此，狗狗耳朵的構造還相當纖細敏感，一點點的刺激也可能讓狗狗的耳朵受傷、發炎，所以絕對不可以粗魯地幫狗狗清耳朵。不過，如果是耳朵容易髒的狗狗，或是有外耳炎等疾病，飼主還是得幫牠們清潔耳朵才行。

狗狗的耳朵超級敏感！
清潔時要溫柔仔細

POINT 1　保養耳朵前先檢查

姑且不論要不要幫狗狗清潔耳朵，請飼主別忘了平時就要幫狗狗檢查耳朵的狀況，看看耳朵有沒有汙垢、紅腫、搔癢、發臭等情況。要是有異狀的話，就要帶去動物醫院檢查。

POINT 2　耳朵只需要最基本的清潔

狗狗耳朵的清潔問題，基本上交給牠們本身的自淨能力就可以解決。狗狗的自淨能力會清掉耳朵形成的汙垢，飼主只要幫狗狗清掉外出玩耍時沾到的泥土灰塵就足夠了。

POINT 3　使用棉花

不可以使用棉花棒或乾布對待狗狗敏感纖細的耳朵，這樣會傷到牠們的耳朵。請飼主使用沾了潔耳乳液或耳道清潔劑的棉花幫狗狗清耳朵吧。

POINT 4　不要用力搓，要輕輕拂拭

太用力擦拭狗狗耳朵，可能會讓狗狗的耳朵發炎。請飼主用「輕拂」的力道，溫柔地擦掉耳朵上的髒汙。

耳朵清潔要溫柔、仔細

耳朵清潔只需最基本的程度

以棉花沾取耳道清潔劑,輕輕地擦拭耳朵上的汙垢。注意別弄傷狗狗的耳壁,也別把耳垢往耳道裡面推。

時常確認耳朵有無異狀

每天都要確認狗狗的耳朵有沒有異狀。請飼主看看狗狗的耳朵有沒有發炎、搔癢、發臭等情況。

汪 PLUS POINT

外耳炎是狗狗耳朵最常見的問題。當狗狗的耳垢量增加,且耳道發紅,飼主就要懷疑是不是外耳炎。狗狗頻繁地用腳趾抓耳朵,也是外耳炎的症狀表現之一。飼主覺得不放心的話,就帶狗狗去動物醫院一趟吧。

狗狗為獸類，身上自然會有動物的體味。若要避免狗狗的身體產生狗臭味，就必須定期用沐浴精幫狗狗洗澡。幫狗狗洗澡可以洗去狗狗身上的汙垢，也洗掉體臭來源的油脂。不過，飼主要記住不可以用人類的洗澡方式幫狗狗洗澡。不管是狗狗的洗澡方式，還是沐浴精的挑選方式等等，都有許多細節要多加注意。

POINT 1　每月清洗一～兩次即可

狗狗身上的油脂也有保護被毛的作用，能讓被毛不易弄髒。要是每天都使用沐浴精，把狗狗身上的油脂洗得一乾二淨，反而容易引起皮膚方面的問題。保險起見，每個月最多使用一～兩次沐浴精洗澡即可。

POINT 2　使用犬用沐浴精

幫狗狗洗澡不能使用我們人類的沐浴精，要使用狗狗專用的沐浴精。不過，犬用沐浴精分成很多種類，如果是具有殺菌效果的犬用沐浴精，最重要的就是殺菌成分的濃度，濃度太低的話，就沒什麼殺菌效果。飼主可以與獸醫師或寵物用品店的店員討論，為自家狗狗挑選最適合的產品。

POINT 3　不可以幫狗狗洗刷刷

狗狗的皮膚很薄，而且又纖細敏感，若是使用刷子等工具用力刷洗，狗狗可能就會因此破皮，還會導致皮膚發炎。只需使用指腹輕輕搓揉，便足以搓掉狗狗身上的髒汙。飼主在幫狗狗洗澡時，動作要溫柔一點。

讓狗狗不討厭沐浴精的洗澡方式

①輕輕地搓洗

熱水的溫度大約在 35～38℃，按照前後腳、屁股、肚子、後背、臉的順序，輕輕地幫狗狗搓洗乾淨。如果狗狗屬於毛髮比較濃密的品種，毛髮底層的肌膚也要確實清洗乾淨。搓洗完畢以後，請用清水沖洗乾淨，要是沖得不夠乾淨，可能會導致皮膚炎。

②用毛巾擦拭

用大毛巾包住狗狗的身體，把溼答答的身體擦乾。擦身體的時候同樣不要大力搓，輕輕地順著毛流的方向擦拭即可。

③用吹風機吹乾

吹風機要距離狗狗身體約 30㎝，同時也要注意別讓熱風的溫度太高，並迅速地幫狗狗吹乾身體。只要將吹風機的出風口對著我們的手，就可以知道溫度會不會太燙。

汪 PLUS POINT

狗狗身上有狗臭味是很正常的，假如飼主不在意狗狗身上的味道，狗狗也沒有皮膚炎之類的問題，那麼講得誇張一點，其實狗狗根本也不需要用沐浴精洗澡。不過，我們也不可能真的完全不在意狗狗身上的味道，所以最好還是適度地用沐浴精幫狗狗洗澡吧。

要是飼主放任不管，狗狗的毛就容易糾結成一團。若要避免這樣的情況，飼主要做的就是勤勞地幫狗狗梳毛。也許飼主們會覺得很麻煩，但梳毛不僅是幫狗狗護理毛髮，也是讓飼主與狗狗肢體接觸的機會，而且還有助於狗狗表皮肌膚的血液循環。幫狗狗梳毛可說是一項很簡單平凡卻又相當重要的任務。

不僅能維持漂亮的毛髮，也能有肢體接觸

每天的梳毛作業

POINT 1　每天都要為狗狗梳毛

狗狗分為長毛品種與短毛品種，但不管是長毛狗還是短毛狗，基本上每天都要梳毛一次。狗狗從小就習慣給人梳毛的話，長大後應該也會比較親人。

POINT 2　順著毛流方向輕輕梳理

長毛品種的狗狗就使用按摩針梳或扁梳，短毛品種的狗狗就使用橡膠梳，根據不同的毛髮狀況，選擇適合的梳毛工具，溫柔地為狗狗梳理全身上下的狗毛。而幫狗狗梳毛的祕訣，就在於順著毛流方向移動梳子。梳毛時也要注意別刮到狗狗的皮膚喔。

POINT 3　別漏了生病的警訊

狗狗出現異常的頻繁掉毛現象，或掉毛的部位呈現圓狀時，也許是因為狗狗的皮膚發炎或感染黴菌等原因所致。飼主若定期幫狗狗梳毛的話，便可及早發現，及早處理。

使用不同工具，梳出蓬鬆輕柔的毛髮

①梳掉全身的汙垢

使用按摩針梳順著毛流方向梳毛，梳掉全身上下的汙垢。毛球的部分請飼主有耐心地慢慢梳開，不要直接剪掉牠們的毛。

②梳理全身的廢毛

接著使用除毛針梳，同樣順著毛流方向梳理毛髮。

③梳理臉部周圍的廢毛

使用扁梳梳理臉部周圍的廢毛。梳毛的時候請小心，別傷到狗狗的眼睛或鼻子。

汪 PLUS POINT

像是迷你雪納瑞或愛芬品梗犬等等的硬毛品種的狗狗，牠們身上的毛都長得很快，即使飼主幫牠們梳毛，最後還是會變成一團團的毛球，因此這些狗狗就必須定期前往美容沙龍修剪（剪毛）。飼主如果不夠勤勞的話，很難照顧好這些狗狗的毛，所以飼養狗狗時最好還是量力而為，要選擇符合自身照顧能力的狗狗來飼養。

應該有很多人都覺得給人按摩的時光幸福無比吧。其實也有許多狗狗都喜歡給人按摩，當飼主溫柔地捏捏牠們的身體時，狗狗就會露出舒服又享受的表情。按摩不僅可以放鬆肌肉，也能有效促進血液循環、緩解壓力等等。狗狗每天只需要十分鐘的按摩時間就足夠，請飼主務必幫毛小孩按摩一下。

捏一捏臉臉

狗狗經常吠叫，也會經常受到驚嚇，所以牠們臉部的肌肉通常都會很用力，結果變得硬梆梆的。飼主可以從狗狗的鼻子往臉頰的方向輕輕撫摸牠們的臉，或是抓著兩側的臉頰肉，往上下或左右的方向拉伸，放鬆牠們臉部的肌肉。

捏一捏肩胛骨

狗狗走路使用四隻腳，所以牠們前腳與前腳關節的負擔都會比較大。若是狗狗的身體重心容易往前傾的話，就可能造成呼吸急促、容易緊張、興奮。飼主可以沿著肩胛骨四周按摩，藉此調整狗狗的身體平衡，讓牠們的精神狀態冷靜下來。

捏一捏髖關節周圍

尾巴附近的骨頭周圍肌肉容易變得僵硬，是導致狗狗的髖關節變得僵硬遲緩的原因，因此飼主要幫牠們捏一捏這附近的肌肉。按摩時要用大拇指抵住，慢慢地移動大拇指，放鬆肌腱。

療癒毛小孩身心的狗狗式按摩

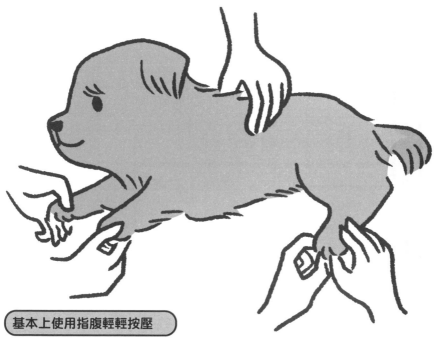

基本上使用指腹輕輕按壓

狗狗式按摩的基本方式，就是使用指腹
輕輕按壓狗狗的肌肉。手指要與肌肉保
持垂直，然後輕輕地按壓。

捏一捏脊椎骨周圍

狗狗年紀愈大，脊椎骨周圍的
肌肉就愈容易僵硬，導致牠們
行動變得更加緩慢。飼主可以
使用大拇指與食指，沿著脊椎
骨上下移動，如此便能促進狗
狗身體的血液循環。

人類的穴道按摩行之已久，其實狗狗的身上也有穴道。所謂的穴道，是源自於中醫的觀念，中醫認為穴道就在氣血的通路（經絡），刺激穴道可以讓身體的血液循環變好，按壓不同的穴道也有各種不同的功效。

狗狗的身上也有穴道
讓狗狗放鬆的穴道就是這一點！

POINT 1　狗狗的穴道有好幾百個！

據說狗狗身上也有好幾百個穴道，每個穴道都對應到不同的內臟器官，具有促進身體代謝、活絡消化器官、舒緩腰腿的疼痛、讓身體放鬆等等的效果。

POINT 2　輕輕地用指腹刺激

按壓穴道時，要用畫圓的方式以指腹輕輕刺激穴道周圍的位置。不必完全正確地按到穴道的位置，只要刺激穴道周圍，就足以見效。

POINT 3　暖身以後再按壓穴道

按壓穴道前要先暖身，這樣效果會更好。可以先用熱毛巾敷在患部，或讓狗狗做一做伸展操，暖身以後再按壓穴道，這樣會比直接按摩更有效果。

具有放鬆效果的穴道

百會穴

位於頭頂正上方。單手扶著狗狗的下巴，再用食指輕壓三十秒～一分鐘。

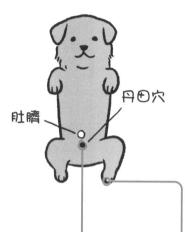

丹田穴

肚臍

丹田穴

從頭頂到屁股畫一條線的話，丹田穴的位置恰好就在這條線的正中間。抱住仰躺的狗狗，用大拇指以外的四隻手指，輕輕地以畫圓的方式按摩一分鐘左右。

湧泉穴

位於後腳最大顆肉球的下方。用大拇指往腳趾的方向按壓十次左右。

汪 PLUS POINT

想利用穴道按摩讓毛小孩放鬆的話，幫狗狗按摩的人也必須放鬆心情，否則效果就會大打折扣。這是因為按摩的人帶著焦躁不耐煩的心情幫狗狗按摩穴道的話，狗狗也會感受到那份不耐煩的心情。請飼主還是先調整好自己的心情，再開始幫狗狗按摩吧。

狗狗的排泄器官必須要時常保持清潔，我們卻經常容易疏忽狗狗的屁屁照護。這邊就要來介紹狗狗排便之後，飼主應該要做哪些事？又要如何幫狗狗清理會分泌臭味液體的肛門腺？還有，要怎麼處理肛門周圍的毛才好？

POINT 1　不要用力擦拭屁屁！

狗狗的屁股非常地纖細敏感，而通常飼主都想要幫牠們把上完廁所的屁屁擦乾淨一點，但要是飼主擦拭得太過用力的話，就會弄傷狗狗的屁屁肌膚。請飼主使用市售的潔膚濕紙巾等等，從上往下輕輕擦拭狗狗的肛門，或輕輕捏起肛門上的汙垢。

POINT 2　每月擠一次肛門腺

肛門腺位於肛門的左右兩邊（以時鐘的方位來看，就是四點與八點的位置）。而肛門腺分泌的液體會散發出獨特的臭味，要是這個分泌液一直留在狗狗的肛門腺，狗狗就會開始用屁股去磨蹭地板，有時還有可能因此發炎。為了避免這樣的情況發生，每個月一定要幫狗狗擠一、兩次肛門腺。

POINT 3　修剪肛門周圍的毛

狗狗的肛門周圍也會長毛，要是放任這些毛不管，就會沾黏到便便，進而滋生細菌，恐怕還會造成肛門發炎。要是覺得狗狗的屁股經常沾到便便的話，就要幫牠們修剪肛門周圍的毛。

如何幫狗狗擠肛門腺

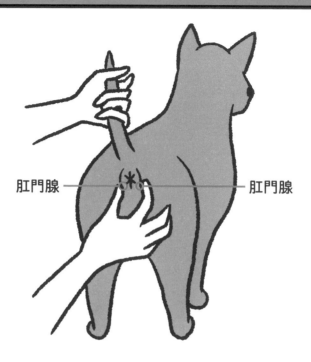

肛門腺 ——————— ✳ ——————— 肛門腺

①要清楚看到肛門

將狗狗帶到浴室等地點，提起尾巴，讓肛門清楚地露出來。

②擠出分泌液

用大拇指與食指捏住肛門左右兩側的肛門腺，然後兩隻手指用力擠壓，擠出肛門腺裡的液體。肛門腺的分泌液到處亂噴的話，會把環境弄得非常臭，所以最好還是在浴室等等的地方進行。

③把屁股擦乾淨

擠乾淨以後，用潔膚濕紙巾等工具輕輕擦拭，將狗狗的肛門擦乾淨。

汪 PLUS POINT

有些狗狗的肛門腺並不容易清理，而有一些動物醫院的清理方式，則是將手指伸進狗狗的肛門，然後擠壓肛門腺。不清楚該怎麼幫狗狗清理肛門腺的話，獸醫師都會願意示範一次給飼主看，所以其實飼主可以放輕鬆地請教醫生。

身體出現過敏反應，就是那些會引起過敏的物質（過敏原）使身體出現反應，引起發癢等等的症狀。我們在前面已經介紹過食物是過敏原（參考 P 30），然而造成身體過敏的因素並非只有食物而已。我們的日常生活環境，也會成為過敏原。

POINT 1　過敏原有三種

我們都知道引起狗狗的過敏原有雞蛋、乳製品、小麥等等的食物，大半部分的過敏反應都是由食物引起的。但除了食物以外，身體接觸到的東西、穿戴在身上的服飾，也可能是造成身體過敏的過敏原。過敏的症狀有皮膚炎、咳嗽不止或狂打噴嚏。

3大過敏原

環境
食物　遺傳

除了上述的原因之外，基因遺傳也是其中一種可能性，像是巴哥犬、可卡犬等品種的狗狗，都比較容易出現過敏反應。

POINT 2　室內室外都有過敏原！

室內容易孳生塵蟎的沙發、地墊、地毯、毛毯等，都是會讓身體過敏的過敏原，狗狗穿的衣服或脖子上的項圈，也可能是造成過敏的原因。而室外的過敏原則有狗狗散步時會接觸到的花草、花粉。如果狗狗會過敏的話，就不要讓牠們跑到草叢裡。

POINT 3　遠離過敏原

透過血液檢查，可以查出狗狗的過敏原有哪些。確定狗狗的過敏原之後，就要排除這些過敏因子，注意別讓狗狗接觸。萬一還是會接觸到的話，也要趕快用流水沖洗。

這些地方都有過敏原！

室內的過敏原

用來鋪墊的毛毯、地墊等等，都要勤勞地清洗、更換，打造一個不易孳生塵蟎的環境。

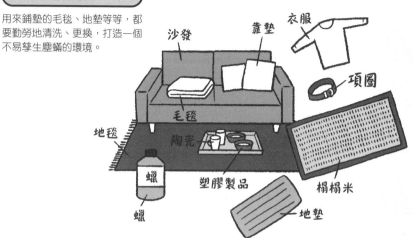

沙發　靠墊　衣服　項圈　毛毯　地毯　陶瓷　塑膠製品　榻榻米　蠟　蠟　地墊

室外的過敏原

散步的時候，別讓狗狗跑到草叢裡，也要注意環境中的花粉。

草或花粉

狗狗不擅長調節體溫，尤其難以招架夏日的酷暑，要是飼主疏忽，沒替狗狗做好避暑措施，就會導致狗狗中暑。而且，還有不少品種的狗狗不僅耐不住夏日的酷暑，也忍受不了冬天的寒冷。請飼主採取適合的因應措施，給毛小孩一個舒適的生活。

POINT 1 空調最重要

如果狗狗養在室內，飼主就必須有所覺悟，不論炎熱的夏天還是寒冷的冬天，原則上都要打開室內冷暖氣。一旦室溫超過25℃，耐不住高溫的狗狗就會有危險，因此請飼主將室內的溫度維持在23～25℃。

POINT 2 空調並非萬能

有時飼主設定的溫度並不適合狗狗。像這種時候，飼主最好將房間的門打開，讓狗狗可以自行移動到牠們想去的房間。另外，如果冷暖氣具有人體感應的功能，狗狗所在的位置可能吹不到風，所以飼主記得也要確認一下地板附近的溫度喔。

POINT 3 記得照顧養在室外的狗狗

如果狗狗養在室外的話，夏天就要幫狗狗改變狗屋擺放的位置，或幫牠們的活動範圍搭起遮陽設備等等，讓陽光不會直射到狗狗。冬天的話，可以在狗屋裡鋪大浴巾，也可以放一些紙箱在牠們的狗屋裡。如果是高齡的狗狗或是容易生病的狗狗，哪怕只有晚上能進屋也好，請飼主還是要讓狗狗待在室內。

狗狗的避暑對策＆禦寒對策

炎炎夏日的時候……

○ 開冷氣

將溫度維持在 23～25℃。但溫度設定太低的話，也會引起狗狗身體不適，或造成關節炎，所以要注意溫度控制。

× 開電風扇

狗狗除了腳底之外，其他的部分都沒有汗腺。所以就算開電風扇給牠們吹，也只是用冷風把汗水降溫，並沒有意義。

○ 也要注意濕度

狗狗不喜歡悶熱的環境。濕度超過 60％ 的環境也是造成狗狗中暑的原因之一，所以別忘了也要幫狗狗居住的環境除濕喔。

○ 使用涼感小物

除了開冷氣給狗狗吹，同時還可以配合其他涼感小物，例如：幫狗狗鋪上涼感墊，或把涼感巾圍在脖子上等等，讓狗狗更加涼爽。也要準備充足的飲用水給狗狗喝。

冷颼颼的冬天時……

○ 開暖氣

將溫度維持在 23～25℃。有些品種的狗狗比較不怕冷，有些則是相反。玩具貴賓犬、馬爾濟斯等品種的狗狗，就屬於比較怕冷的狗狗，所以飼主可以打開暖氣給牠們吹；而西伯利亞哈士奇等品種的狗狗本身就比較不怕冷，所以就算不吹暖氣也不要緊。

○ 使用保暖小物

準備一條大浴巾給狗狗，狗狗就可以用大浴巾把自己裹起來。熱水袋不需要用電，是一款經濟又實惠的保暖小物。

汪 PLUS POINT

狗狗屬於耐寒的品種還是不耐寒的品種，要看牠們的毛髮結構是雙層毛（Double-coat）還是單層毛（Single-coat）。如果是雙層毛的品種，牠們的被毛就分為上層毛與下層毛的雙層結構，具有較強的禦寒能力；如果是單層毛的品種，牠們的被毛幾乎不具備下層毛，禦寒能力就會比較弱。

現代是個充滿壓力的社會，人類處於各式各樣的壓力之下，對身心都造成不良影響。而狗狗也是一種會產生心理壓力的動物，過度的壓力會使牠們的身心生病。狗狗在哪些情況下會形成壓力？壓力又會讓狗狗出現哪些症狀呢？

POINT 1 　凡事過猶不及

跟狗狗生活在一起，我們總是容易以飼主本位的角度去看待事情，但這麼做也許會害到毛小孩。把狗狗逗得太過火、讓狗狗焦急不已、過於嚴厲的斥責、太常讓牠們獨處……狗狗的內心可能因此累積了許多壓力，牠們真正的心聲也許是「不要再來了！」、「我已經受不了了！」等等。

POINT 2 　壓力會造成這些症狀……

狗狗承受太多壓力的話，有時就會對人類展現出攻擊性的行為，像是擺出吵架的架式對著飼主生氣，或因為一點小事就一直汪汪叫等等。
相反地，有些狗狗則是因為壓力而導致腸胃不適、食慾不振等身體方面的問題。

POINT 3 　用狗狗的角度看世界

狗狗不會開口講話，牠們沒辦法具體地告訴飼主哪些事情讓牠們感到壓力，也不可能告訴飼主牠們為什麼想要這麼做。感受狗狗真正的想法，是飼主的責任，請站在狗狗的角度，去感受牠們真正的心聲吧。

容易讓狗狗感到壓力的情況

環境惡劣

室溫太熱或太冷，都會讓養在室內的狗狗產生壓力。而且「髒兮兮的房子」也會讓狗狗覺得不舒服。

承受肉體上的痛苦

用體罰的方式來「教規矩」，或放任狗狗生病、受傷不管，都會造成狗狗的心理壓力。

承受精神上的痛苦

因為疼愛狗狗，就一直逗弄狗狗，或以「教規矩」的名義嚴厲訓斥、長時間讓狗狗獨自看家等，都會讓狗狗產生為難或不安的心情，進而導致狗狗累積壓力。

汪 PLUS POINT

搬家這件事也會對狗狗造成壓力。從早已住習慣的舊家，搬到完全不熟悉的新家時，有些狗狗產生巨大的壓力，牠們可能會在不對的地方大小便，身體也可能出現狀況等等。這時，就要請飼主多花點心思，例如：幫狗狗的生活環境布置得跟舊家一樣，或是盡量待在狗狗的身邊，給予狗狗安心感等等，透過一些方式，讓狗狗盡早習慣新住處的環境。

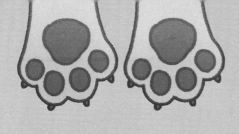
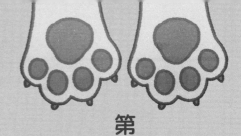

第 **4** 章

擁有正確的知識才能延年益壽！

狗狗的「疾病與醫療」

現在的狗狗擁有良好的飲食生活與醫療環境，再加上飼主無微不至的關愛，所以壽命也愈來愈長。只是，隨著壽命的延長，狗狗得到嚴重疾病的比率愈來愈高，也是不爭的事實。接下來，我們就來認識現代狗狗的代表性疾病，看看狗狗容易得到哪些疾病。

POINT 1　癌症位居死因第一

在高齡犬的死因之中，有五成都是癌症所致。尤其以皮膚癌、乳腺瘤、骨肉瘤、淋巴瘤等癌症居多，要是發現得太晚，便會難以醫治。

POINT 2　心臟病也不惶多讓

心臟的功能變差，血液就不容易運送到全身上下。心臟功能不好的大型犬容易出現心肌症等等，而小型犬則容易有二尖瓣閉鎖不全等問題。與人類相比，狗狗罹患心臟病的比率也比較高。

POINT 3　狗狗也會得到糖尿病

糖尿病是一種好發於肥胖問題的疾病。當胰島素的調節作用變差，血液當中的糖分就會增加，並以尿液的形式排出體外。一旦糖尿病惡化，還會引起白內障、腎炎等等，也可能使身體日漸衰弱而亡。

POINT 4　呼吸系統疾病也令人頭痛

在狗狗出現劇烈咳嗽或呼吸方式有異時就能察覺。中小型犬常見的呼吸系統疾病為氣管塌陷，這是由於氣管外側的軟骨結構變軟導致氣管阻塞，進而引起呼吸困難。

狗狗的死亡原因

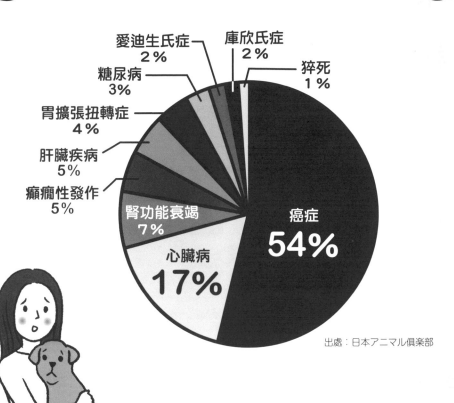

愛迪生氏症
2%

庫欣氏症
2%

糖尿病
3%

猝死
1%

胃擴張扭轉症
4%

肝臟疾病
5%

癲癇性發作
5%

腎功能衰竭
7%

心臟病
17%

癌症
54%

出處：日本アニマル倶楽部

上圖為現代狗狗最常見的死因。癌症或心臟病等疾病，都是直接威脅到狗狗生命的可怕疾病，但只要早期發現、早期治療，狗狗還是有機會活到老。若是發現毛小孩的身體狀況有異，一定要立刻帶去給獸醫師檢查。

汪
PLUS POINT

傳染性疾病也是威脅狗狗性命的前幾大病因之一。像是狂犬病、犬心絲蟲、犬瘟熱等等，都是代表性的傳染性疾病。不過，大多數的傳染性疾病都可以透過接種疫苗來預防，這一點是與癌症最大的不同之處。

我家的狗狗容易得哪些疾病？飼主必知的不同犬種疾病傾向

包含公認與非公認的品種在內，據說全世界約有七、八百個品種的狗狗，而各個品種的狗狗都有牠們容易得到的疾病。其中一類屬於遺傳性疾病，不同血統的純種狗狗，有不同體系的遺傳性疾病。另一類疾病則是狗狗的身體構造所致。雖說每種狗都有牠們容易得到的疾病，但並不是百分之百會發生，最重要的是飼主必須對於狗狗的疾病有所了解，知道「我家的狗狗可能有一天也會得到這個病」。

約克夏㹴犬

關節疾病

貴賓犬

關節疾病、皮膚疾病

蝴蝶犬

關節疾病

吉娃娃

水腦症、關節疾病

西施犬

皮膚疾病

臘腸犬

椎間盤突出、自體免疫疾病

法國鬥牛犬

脊椎異常、難產

博美犬

水腦症、關節疾病

純種狗容易得到的疾病

黃金獵犬

皮膚疾病、白內障、腫瘤

潘布魯克威爾斯柯基犬

椎間盤突出

柴犬

皮膚疾病

拉不拉多

皮膚疾病、白內障、腫瘤

巴哥犬

關節疾病、角膜外傷

迷你雪納瑞

關節疾病、自體免疫疾病

喜樂蒂牧羊犬

關節疾病、皮膚疾病

邊境牧羊犬

關節疾病、皮膚疾病

馬爾濟斯

心臟疾病、關節疾病

汪 PLUS POINT

所謂的純種血統，是人類經過長久歲月改良而來的品種。人類透過品種改良，繁殖出符合人類喜好的犬種，但狗狗不斷地與相近的血緣交配，結果也將健康方面的不良特徵傳給下一代。正因為這樣，狗狗才會特別容易得到某些疾病。

若是能夠及早發現，疾病痊癒的機率就會比較高。相反地，太晚才發現的話，可能就會因此喪命……。為了守護毛小孩的健康，飼主平常就應該仔細觀察狗狗的狀況，才不會錯過狗狗發出的生病警訊。

眼屎的情況變嚴重 → 傳染性疾病等等

有很多原因都可能讓狗狗分泌眼屎。眼屎顏色偏白的話，倒是不必太擔心，但如果顏色是黃色，就要懷疑是不是感染了傳染性疾病或眼睛發炎。放著不管的話，情況會變得愈來愈嚴重，一定要及早接受治療。眼屎的問題可以透過眼藥水或眼藥膏來解決。

黑眼珠變白濁 → 白內障等等

水晶體如同眼睛的鏡頭，當水晶體變混濁，就是所謂的白內障。要是狗狗的黑眼珠中心變白，就有可能是得到白內障。白內障到了末期就會失明，初期還可以透過眼藥水來延緩白內障惡化的速度。

口臭的情況變嚴重 → 牙周病、齒槽膿漏、口內炎等等

牙齒形成牙結石並演變成牙周病，或是口內炎的情況變嚴重，狗狗的口腔就會變得非常臭。如果是牙周病的話，還會出現牙齦紅腫的情況。除了上述的原因之外，內臟器官出現問題時，也可能導致口臭。

114

飼主要注意的身體變化

耳朵發臭 → 外耳炎、中耳炎等等

耳道裡累積的耳垢一旦接觸到空氣，就會發出臭味。此外，當耳朵被細菌感染，就可能變成外耳炎或中耳炎，狗狗也會覺得耳朵非常癢。

掉毛的情況變嚴重 → 過敏性皮膚炎、皮膚黴菌感染等等

在季節交替時，狗狗大量換毛是很正常的現象，但如果不是正常的換毛，而是不尋常的大量掉毛，就要懷疑是不是過敏性皮膚炎或是真菌性（黴菌）／細菌性感染等等。覺得掉毛的情況不對勁的話，還是提早就醫吧。

皮膚出現濕疹或發膿 → 膿皮症

當狗狗免疫力變差時，皮膚若是遭到細菌感染，臉部、腋下或大腿內側等部位，就會出現發炎的現象。初期的膿皮症會先出現疹子，惡化之後就會出現膿包，還有可能發燒。

腹部鼓脹 → 犬心絲蟲或心臟問題、子宮蓄膿、腫瘤等等

腹部鼓脹的情況經常被誤以為是狗狗吃太多而發福，但狗狗吃得不多卻還是出現腹部鼓脹的情況，就有可能是因為犬心絲蟲或心臟問題、子宮蓄膿、腫瘤等等造成腹水。另外，腹部鼓脹也可能是因為腫瘤，一定要盡速就醫。

生病的徵兆不只有身體狀況的改變，動作行為的改變也會反映出狗狗的健康狀況。飼主要注意毛小孩的動作行為是不是跟以前不一樣，包括：走路的姿勢變得奇怪、呼吸經常發出咻咻聲、尿尿的次數變多、時常嘔吐等等。

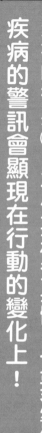

生病的徵兆②　不僅要檢查身體，也要注意行動

疾病的警訊會顯現在行動的變化上！

走路姿勢很奇怪→
骨折、扭傷、脫臼、肉球受傷等等

走路的時候會護著腳或拖著腳、被人碰到腳就會露出疼痛的反應，那麼就有可能是骨折或扭傷。狗狗的四肢很強壯，但是從高處往下跳，或在木地板打滑等等，都會讓牠們的四肢疼痛。另外，外出時踩到碎玻璃等等，導致肉球受傷的時候，狗狗的走路方式也會變得怪怪的。

討厭散步→受傷、內臟疾病

狗狗本來很喜歡散步，卻突然不想出門散步了。這樣的情況有可能是腳受傷而覺得疼痛，或是因為內臟器官出現問題而不想活動。當狗狗拒絕散步時，極有可能就是身體不舒服。

頻頻抓癢→皮膚病等等

狗狗一直抓撓臉部或眼睛的周圍，或是一直舔身體的話，很有可能是皮膚方面的問題。狗狗的皮膚病有過敏引起的皮膚病、細菌感染引起的皮膚病，以及寄生蟲引起的皮膚病。若要釐清確切的原因，就必須給醫生檢查才能知曉。

飼主要注意的動作行為變化

呼吸變喘 →
呼吸系統疾病、支氣管炎、心臟病等等

激烈運動之後的呼吸出現「咻咻聲」並沒有問題，但明明狗狗什麼都沒做，呼吸還是很急促的話，就要懷疑是不是呼吸系統疾病等等。此外，當狗狗連續咳了好幾天，則可能是支氣管炎或肺部、心臟方面等等的問題。

飲水量增加 →
糖尿病、腎功能衰竭、腫瘤等等

飲水量異常大增，是常見的糖尿病症狀。因為身體的水分會與血液中的糖分以尿液的形式排出體外，所以就會一直覺得口渴。但要是飼主限制飲水量的話，會引起脫水的症狀，因此還是要及早就醫，擬定對策。

經常嘔吐 → 消化系統疾病等等

狗狗出現嘔吐的情況一點都不稀奇，但連續吐了好幾天，或激烈地吐出食物（嘔吐）時，就必須注意了，也許是狗狗的消化系統出現問題。尤其是發現狗狗連續嘔吐好幾天，或體重在短時間內明顯下降，極有可能就是嚴重的消化系統疾病。當務之急就是趕快帶狗狗就醫，找出真正的原因。

沒有食慾 →
內臟疾病、傳染性疾病

大部分的狗狗都將吃東西這件事視為牠們生存的意義之一。嗜吃如命的狗狗居然沒有食慾，那可是天大的問題。如果是因為口內炎等問題導致食慾變差，當這些問題解決之後，狗狗也會恢復原來的食慾；萬一狗狗食慾變差不是因為口內炎等等，就要懷疑是不是某個的內臟出現問題，一定要立刻讓狗狗就醫才行。

若要了解自己的健康狀況，體溫是一項很重要的指標。狗狗也是如此，當我們覺得狗狗不對勁時，建議飼主做的第一件事情就是幫狗狗量體溫。狗狗的正常體溫為38.5～39.5℃。每隻狗狗的體溫多少有些落差，但健康狗狗的體溫基本上都會落在這個範圍內。

POINT 1　狗狗的正常體溫會比人類高

狗狗的正常體溫為38.5～39.5℃，比人類的正常體溫高2～3℃。狗狗的體溫超過39.5℃，屬於體溫過高，明顯就是在發燒。反之，當狗狗的體溫低於38℃時，就屬於體溫過低。

38.5℃ 未達	38.5℃～ 39.5℃未達	39.5℃ 之間
體溫過低	正常體溫	體溫過高

POINT 2　掌握毛小孩的正常體溫

隨著年紀愈大、體型愈大，狗狗的正常體溫就會愈低。另外，狗狗早上起床時的體溫會是一天當中最低的時候，傍晚則是體溫最高的時候。狗狗的體溫會受到各種因素的影響，因此飼主要在相同條件之下幫狗狗測量體溫，以掌握狗狗的正確體溫。

POINT 3　體溫過低比過高更可怕

狗狗在運動過後的體溫可以達到40℃，體溫過高未必就是得到嚴重的病。相反地，狗狗體溫過低才是真正危險。當狗狗的體溫低於38℃時，就有可能是身體的某個部位出現了問題，最嚴重的情況還可能因此喪命。一旦發現狗狗體溫過低，請立刻將狗狗帶到動物醫院就醫。

如何幫狗狗量體溫

① 讓狗狗乖乖不要亂動

運動過後或正在興奮的狗狗,大部分的體溫都會超過 38.5～39.5℃的範圍。要幫狗狗測量體溫的話,記得等牠們的狀態冷靜下來再進行。

② 將體溫計插入肛門

溫柔地提起狗狗的尾巴,將體溫計塗上護手霜或凡士林之後,插入肛門約 2～3 cm。肛門內並不是筆直的形狀,而是有點彎彎曲曲的。若是體溫計插不進去,一直被往外推的話,換個方向就可以順利地插進肛門。

③ 測量體溫

體溫計插進肛門時,狗狗幾乎不會感受到疼痛,所以可以穩定地測量體溫。量好體溫之後,請溫柔地拔出體溫計。

汪 PLUS POINT

就算不使用體溫計,也可以摸一摸狗狗的耳朵、腋下或肚子,用我們的肌膚感受出狗狗的體溫比平常高還是低。若飼主平常在摸狗狗的時候會特別留意狗狗的體溫,就會更容易注意到狗狗的體溫變化。

體重也是了解狗狗健康狀態的指標。只要掌握狗狗健康時的體重，就可以透過體重的增減，推測狗狗的身體狀況，有助於預防肥胖與疾病。

POINT 1　每個月一定要測量一次

要定期測量體重。每一～兩週測量一次是最理想的。飼主如果太過忙碌，沒辦法這麼做的話，那麼至少每個月一定要測量一次。

POINT 2　根據體型使用不同的器材

測量小型犬的體重時，使用人類寶寶使用的「嬰兒體重計」就可以輕鬆測量。想要便宜又好用的磅秤，則推薦可以將寵物放進外出提籠，然後直接連同提籠一起秤重的「電子吊秤」。還有另外一個方法，就是飼主先抱著狗狗站上體重機，測量出飼主與狗狗的體重後，再扣掉飼主的體重。大型犬要使用專用的體重機，或是麻煩動物醫院幫忙量體重。

POINT 3　在同一個時段測量

狗狗也跟人類一樣，不同時段的體重都會不一樣。吃飯前後、大便前後的體重都會有些微的差異，所以一定要在同一個時段、同一個時間點測量才會準確。

POINT 4　體重驟減是警訊

成犬體重增加，大多都是因為吃太多。肥胖是百病之源，所以飼主要好好地檢視一下狗狗的飲食生活。若是狗狗體重驟降，很有可能是生了嚴重的病，一定要馬上帶狗狗就醫，一刻也不容耽擱。

狗狗的體重就要這樣量

小型犬①

直接讓狗狗站上體重計。使用秤量人類寶寶體重的「嬰兒體重計」（左圖），方便讓狗狗站穩或坐穩，量出正確的體重。「電子吊秤」（右圖）也是一項很方便的測量工具，將狗狗放進寵物提籠之後就可以直接測量。

小型犬②

飼主抱著狗狗站在成人用的體重計上，先測量飼主＋狗狗的體重，再扣除飼主的體重，就可以算出狗狗的體重了。

扣除

大型犬

如果不方便抱著狗狗站上體重機的話，那就添購一台大型犬專用的體重計吧。小型犬與中型犬當然也能使用，相當實惠。

汪 PLUS POINT

確認狗狗的健康狀況，只以體重（BW，Body Weight）當作指標是不夠的。還要搭配我們先前在 P82～83 介紹過的 BCS（體態評分標準）與 MCS（肌肉狀況評分），掌握這三項指標，才及早發現各種疾病。請飼主要謹記 BW、BCS 與 MCS 這三項指標。

狗狗看完醫生之後，有時必須吃藥，這是治療的必要手段，只是狗狗並不曉得那究竟是什麼。有些狗狗會乖乖地給飼主餵藥，但也有不少的狗狗怎樣都不肯乖乖吃藥。面對這些頑強的狗狗，飼主應該怎麼做才能讓牠們乖乖服藥呢？接著就來介紹餵狗狗吃藥的妙招。

POINT 1 不可以擺出餵藥的架式

有些飼主是不是會一邊呼著：「來吃藥囉～」對著毛小孩擺出餵藥的架式呢？狗狗是一種很會察言觀色的生物，牠們很擅長看主人的臉色，對於周遭的氣氛也很敏感。當抗拒吃藥的狗狗察覺到討厭的氣氛，就會有所警戒與防備。所以，餵狗狗吃藥的秘訣，就是負責餵藥的人要盡量保持輕鬆自然的態度，若無其事地把藥放進狗狗的嘴巴。

來吃藥了喔！

POINT 2 與狗狗的關係很重要

若是飼主平常就與狗狗保持親密的肢體接觸，成功餵藥的機率也會比較高。與狗狗肢體接觸的重點，是讓狗狗習慣給人觸碰嘴巴周圍以及口腔。能不能讓狗狗習慣這件事，關係到飼主能否順利地成功餵藥。

POINT 3 不同的藥有不同的餵藥祕訣

狗狗吃的藥有許多形狀。醫生開給狗狗回家吃的口服藥，以藥丸（膠囊）、藥粉與藥水（液體的藥）為代表。每一種形式的藥都有不同的餵藥祕訣，飼主一定要先記清楚才行喔。

如何成功讓狗狗吃藥

藥丸的餵藥方式

首先，用非慣用手抓住狗狗的上顎，並用慣用手抓住下顎，溫柔地扳開狗狗的嘴巴。扳開狗狗的嘴巴之後，再把藥丸放在舌頭上（盡量往裡面放），然後讓狗狗閉緊嘴巴，並且將狗狗的頭往上抬起數秒。聽到「咕嚕」聲，就代表狗狗已經把藥丸吞下去了。還有一個方式，是把藥丸包在食物裡面，讓狗狗連同食物一起吃下去。這是最多人使用的餵藥丸方式，趕緊學會一定能派上用場。

藥粉的餵藥方式

如果是比較苦的藥粉，基本上都是把藥粉混在食物裡，讓狗狗一起吃下去。藥粉不容易跟乾飼料混合，因此請將藥粉混在狗狗的濕食或軟飼料當中。也可以用少量的水調開藥粉，然後把藥塗在狗狗的上顎或舌頭內側，讓狗狗把藥嚥下去。

藥水的餵藥方式

先用滴管或針筒（拔掉針頭的注射器）吸取藥水，接著把狗狗的頭往上抬起，將餵藥工具塞進靠近牙齒後側的縫隙，慢慢把藥水擠進狗狗的嘴裡。把藥粉用水調開的時候，也是使用同樣的方式餵藥。

汪 PLUS POINT

有些狗狗是打從心底抗拒吃藥這件事。飼主若是不顧牠們的抗拒，強行餵藥的話，狗狗也可能生氣亂咬人。飼主愈是強迫，牠們就會更加反抗，所以當狗狗表現出抗拒的反應時，也許飼主可以暫時先緩一緩。絕對不可以因為狗狗不吃藥，就責備牠們。

癌症（惡性腫瘤）是人類死因之冠，在狗狗的世界裡也是如此。有非常多的原因都可能導致狗狗罹癌，雖說飲食習慣與生活環境對狗狗健康的影響深遠，但基因遺傳等因素也跟狗狗罹癌有所關連，想要完全預防癌症是不可能的事。而且，想完全治好癌症也不是那麼容易，所以當狗狗被醫生診斷出癌症時，想必飼主都會陷入絕望吧。不過，就算狗狗得到了癌症，牠們還是我們的寶貝，這份關係是不會變的。所以要如何與狗狗一同面對癌症，對於飼主而言是一件相當重要的事。

POINT 1 早期發現很重要

癌症會出現在身體的任何部位，若是置之不理，癌細胞就會增生，並且轉移到其他部位，最後便會回天乏術，無法救治。罹癌的症狀通常有身體表面出現不明的腫塊、體重迅速下降、出現貧血的跡象、發燒、頻頻嘔吐等等，不論是出現哪個症狀，最重要的還是及早發現。飼主也千萬不能疏忽日常的健康管理與定期健檢。

POINT 2 常見的癌症有這些

狗狗容易罹患的癌症有淋巴瘤、乳腺瘤、肥大細胞瘤、鱗狀上皮細胞瘤、骨肉瘤、內臟腫瘤等等。骨頭或內臟的腫瘤比較沒辦法察覺，但大概有七成的腫瘤都可以從狗狗的皮膚表面來確認。

POINT 3 治療方式也有很多種

若是小範圍的腫瘤，可以透過手術切除。如果是難以進行外科手術的腫瘤，也有放射線治療的方式可以選擇。淋巴瘤是血液方面的癌症，透過抗癌藥物可以有效抑制病情惡化或癌細胞轉移。請飼主與獸醫師一起討論，確認要使用哪些方式進行治療狗狗的癌症。

預防狗狗罹癌，飼主可以做這些事

注意飲食習慣

飲食是健康的第一步，含有過多添加物或是高熱量的食物，都會增加狗狗罹癌的風險，請飼主為狗狗建立良好的飲食習慣。

盡量不讓狗狗感到壓力

身心都感到壓力的話，身體的免疫力就會變差，進而增加罹癌風險。請飼主好好地觀察一下與狗狗的相處方式、日常生活、周遭環境等等，看看是不是給狗狗造成太多壓力了。

別讓狗狗吸到二手菸

吸入二手菸對身體造成的菸害，遠比吸菸者本身受到的菸害更大。二手菸也會影響狗狗的身體健康，有些狗狗就是因為吸二手菸而得到了鼻癌等癌症。狗狗對於味道很敏感，菸味也可能讓牠們造成壓力。

PLUS POINT

如果老狗狗的癌症惡化速度不快，而且剩下的壽命也不長，有些獸醫與飼主會選擇以藥物持續幫狗狗控制疼痛，不堅持進行手術。與進行手術相比，這樣做對於身體的負擔比較小，而且也有不少罹癌的老狗狗就是這樣對抗癌症，好好地頤養天年。

隨著狗狗的壽命延長，罹患失智症的狗狗也愈來愈多。根據國外的調查報告，在十一～十二歲的狗狗當中，約有28％的狗狗會出現失智症的症狀，而十五～十六歲的狗狗則有68％會出現失智症的症狀。接著，我們就來認識狗狗失智症的基本情況，看看狗得到失智症之後會出現哪些現象，飼主又應該如何因應這樣的狀況。

POINT 1　了解失智症的症狀

罹患失智症的狗狗，身體的運動機能會變差。呼喊牠們的名字也沒反應，或是身體有氣無力、半夜經常起床汪汪叫（夜吠）、每天都像夢遊的人一樣走來走去（徘徊）、隨地大小便……。失智症的狗狗到了最後，便會接近臥病在床的狀態。

POINT 2　製造刺激，預防失智症

單調無趣的日子是導致失智症惡化的原因。飼主可以拿新玩具給狗狗玩，或是改變一下散步路線等等，積極地與狗狗交流互動，為生活創造一些變化。這些變化都會刺激狗狗的腦部，有助於預防失智症。

POINT 3　早期發現、早期治療

目前並沒有能完全治好失智症的方式，但透過投藥還是可以抑制失智症惡化。在狗狗的失智症惡化之前，一定要盡早帶狗狗到動物醫院就醫。

狗狗半夜吠叫與徘徊的因應辦法

半夜叫個不停……

狗狗在半夜亂叫，對於飼主以及飼主的家人來說，都是相當大的壓力，讓人心力交瘁。安眠藥或抗焦慮劑可以抑制狗狗在半夜亂叫，只是抗焦慮劑可能會讓失智症的情況更嚴重，使用時務必要多加注意。若是擔心狗狗在半夜亂叫的情況干擾到附近的鄰居，最好也先向鄰居們打聲招呼。

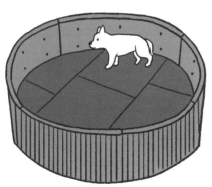

一直走來走去……

狗狗在半夜一直走來走去的話，把牠們關在一個圓形的圍欄裡也是個好辦法。飼主可以花點心思布置狗狗的圍欄區，像是在圍欄裡鋪上地毯，避免狗狗撞傷，或鋪上尿布墊，以備狗狗的排泄之需等等。

汪 PLUS POINT

若要減緩失智症的症狀，可以讓狗狗攝取可消除體內活性氧物質的維生素或 β - 胡蘿蔔素等抗氧化物質。另外，還可以將狗狗的飼料改成富含 EPA 或 DHA 等 Omega - 3 脂肪酸的飼料，或補充這方面的營養保健品，這些成分可望抑制認知功能障礙或腦部萎縮，對於減緩失智症都會有不錯的效果。

你家的狗狗在散步或玩耍的過程中，呼吸會不會出現急促的「咻咻聲」，或是一直咳嗽呢？這樣的現象說不定就是心臟衰竭的警訊。隨著身體老化，內臟的機能本來就會跟著衰退，但最重要的還是透過定期健檢，及早找出問題。

POINT 1　心臟是特別重要的器官

心臟的功能是將攜帶氧氣與養分的血液，運送到全身上下的細胞。狗狗隨著年紀增加，發生心臟病的機率也會增加，而體重過胖或犬心絲蟲等問題，也可能影響狗狗的心臟功能。

POINT 2　主要的心臟病有兩種

狗狗的心臟病大多為慢性瓣膜性疾病與心肌症。慢性瓣膜性疾病是因為心臟的瓣膜無法順利地開閉，導致心臟輸送至全身的血液量減少。心肌症則是因為心肌變弱或心肌肥厚的問題，而導致心臟的幫浦效率變差。

POINT 3　了解心臟病的症狀

發現狗稍微運動就氣喘吁吁，或出現經常咳嗽等等的症狀，就要懷疑狗狗是不是有心臟病。當狗狗出現腹部與四肢浮腫、經常跌倒、失去意識等症狀，那可能就是心臟病末期了。請在狗狗出現這些症狀之前及早就醫，以投藥或處方飲食的方式來因應。

不只心臟的功能會隨著年紀增加而變得愈來愈差，肝臟、腎臟、胃、大腸、小腸……也是如此，並且衍生出疾病。例如：腎臟有腎功能衰竭、肝臟有肝臟疾病（肝病），這兩個器官的疾病都位居狗狗的前五大死因。腎功能衰竭指腎臟受損並失去其功能，通常都發生在高齡犬的身上，多在飼主未察覺的情況之下一步步地惡化。會引起肝功能衰竭等問題的肝病，通常都不會出現症狀，而等到身體出現症狀時，十之八九都已經惡化了。

可怕的疾病④ 沒有症狀才更棘手

慢性腎衰竭、肝病等內臟方面的疾病

POINT 1 　喝多尿多可能是腎功能衰竭

腎功能衰竭會慢慢地惡化，且飼主通常都不容易察覺。不過，在腎功能衰竭的初期，可以發現狗狗出現喝多尿多的症狀，所以請飼主要注意狗狗的飲水及排尿狀況。確定狗狗是腎功能衰竭的話，就要透過投藥與改吃處方飲食的方式，維持剩下的腎臟功能。

POINT 2 　狗狗容易得到肝病

肝臟的疾病也不容易出現症狀，等到發現時，通常都已經相當惡化了。一旦得到肝病，肝臟的分解功能就會下降，還會出現食慾不振、嘔吐、體重下降、眼白或牙齦發黃等副作用。肝病的治療則可以透過適量攝取優質蛋白質等等的飲食療法來因應。

POINT 3 　在問題浮現之前及早發現

「肝臟是沉默的器官」，而肝病幾乎都不會出現症狀。等到身體出現狀況時，肝病的情況都已經非常嚴重了，因此一定要在肝臟生病之前透過檢查發現問題，並且及早治療。

大家都知道糖尿病是現代人的生活習慣病，而狗狗其實也會得到糖尿病。狗狗一旦得到糖尿病，就很難完全根治，當糖尿病的情況惡化時，還必須以胰島素注射等方式進行治療。為了守護毛小孩，不讓牠們得到糖尿病，最重要的就是建立良好的生活習慣，預防糖尿病。

可怕的疾病⑤ 狗狗也會得糖尿病！

改變日常生活習慣，預防糖尿病

POINT 1　胖狗狗要注意

糖尿病是一種由於胰臟分泌的胰島素不足，或是胰島素沒有正常發揮作用，而導致血液中的糖分（葡萄糖）濃度（血糖值）過高的疾病。年紀增加造成體內激素減少、身體肥胖、生活習慣不良等等，是造成糖尿病的主要原因，一般認為7歲以上的狗狗相對容易得到糖尿病。

POINT 2　最怕糖尿病的併發症

糖尿病的初期會出現喝多尿多、體重下降等等的症狀。當糖尿病惡化時，狗狗會變得沒有精神，也會出現食慾不振、下痢、嘔吐等症狀。而且，糖尿病惡化後也經常引起其他的併發症，例如：糖尿病視網膜病、白內障、腎臟疾病、肝臟疾病等等。

POINT 3　最重要的是預防

糖尿病初期可以透過飲食療法來應付，一旦症狀惡化，除了飲食療法，還要配合胰島素注射來穩定血糖。胰島素注射基本上可由飼主在家自行操作。請飼主平時就要注意狗狗的飲食與運動量，才能預防糖尿病。

狗狗是一種相當容易得到皮膚病的動物。幾乎沒有任何一種皮膚病會直接要了狗狗的性命，但皮膚病通常不容易醫治，置之不理就會變得更嚴重，相當難纏，可以想像皮膚的搔癢對於狗狗來說有多麼難受。

POINT 1　三種皮膚病

狗狗的皮膚病分為三種，一種是過敏造成的皮膚病，第二種是寄生蟲造成的皮膚病，還有一種則是由細菌或黴菌造成的皮膚病。過敏造成的皮膚病以食物引起過敏反應的食物過敏，以及因花粉、室內粉塵等引起的異位性皮膚炎為代表。而寄生蟲造成的皮膚病，最常見的有被塵蟎叮咬引起的蟎蟲感染症，或是疥癬、毛囊蟲症等等。細菌或黴菌造成的皮膚病則以膿皮症與皮癬菌症等等為代表，其中，膿皮症是狗狗最常得到的皮膚病。

POINT 2　西洋犬比日本犬更容易得到

生活在日本的純種西洋犬大多都有皮膚方面的問題。這是因為西洋犬本來就不適合高溫潮濕的日本氣候。

POINT 3　確實進行治療

大多數的皮膚病都不容易治好，因此經常有狗狗在治療的過程中，受不了搔癢而用力抓撓皮膚，結果反而把自己抓受傷了。但就算這樣，飼主還是要有耐心地以抗生素等藥物持續治療。而過敏造成的皮膚病，還必須要改善生活習慣才行。

夏日的酷熱對於狗狗來說，是個強大的敵人。再加上狗狗只有腳掌的部分有能夠調節體溫的汗腺，所以會比人類更容易中暑。中暑會要了狗狗的性命，飼主一定要做好預防措施與避暑對策，才能以防萬一。

POINT 1　不要吝嗇開冷氣的錢

大多數的狗狗中暑案例，都是因為飼主把狗狗留在沒有開冷氣的室內或車內。早上還覺得挺涼爽的，結果一到中午，氣溫就迅速地上升，房間熱得就像一間溫室一樣——你是不是也有這樣的經驗呢？把狗狗留在這樣的房間裡，無疑就是讓狗狗處於煉獄。若要將狗狗獨自留在家裡，請飼主一定要注意室內的通風，並且做好冷氣空調的管理。

POINT 2　不要疏忽狗狗發出的警訊

狗狗一直呼吸急促，還會滴口水；晚上的氣溫已經下降了，卻還是無精打采的樣子——在炎炎夏日裡發現狗狗出現這樣的情況時，飼主或許就應該將這樣的情況視為狗狗中暑的初期症狀。若放任這樣的情況不管，狗狗的意識就會變得不清楚，甚至還可能痙攣、昏迷，最後身亡。

POINT 3　採取急救措施，救狗一命！

想要拯救中暑的狗狗，無論如何都必須讓牠們的體溫下降。飼主可以用水沖淋狗狗的全身，並以冰塊袋冷卻狗狗的身體。狗狗如果有辦法喝水的話，請飼主讓牠們大量喝水。接著進行急救措施，同時連絡狗狗的獸醫師，然後利用扇子等工具一邊幫狗狗散熱，開車送狗狗到動物醫院。

132

對中暑的狗狗施以急救措施！

沖水

將狗狗帶到浴室，用蓮蓬頭沖溼全身。如果是毛髮濃密的狗狗，要用蓮蓬頭的水柱強力沖脖子、身體的下方、腋下、大腿等部位，讓冷水滲透到毛髮底層的肌膚。

使用冰袋冷卻

使用冰袋，冷卻頭頂、喉嚨、腋下、肚子等部位。

讓狗狗喝水

假如狗狗尚有意識，還有辦法喝水的話，那就讓狗狗多喝一點水。狗狗會透過唾液的蒸發來散熱，所以將冷水倒在狗狗的舌頭上，也能有效地讓狗狗的體溫下降。

前往動物醫院就醫

做完急救措施之後，要盡快帶狗狗到常去的動物醫院，讓獸醫師檢查狗狗的情況。

汪 PLUS POINT

日本的平均氣溫比以前來得更高，若以30～40年前的溫度來看，現在不論是人類還是寵物，都會因為中暑而暈倒吧。尤其是老人家對於熱的感覺比較遲鈍，通常都不太吹冷氣。結果，老人家中暑身亡的案例就愈來愈多。不過，寵物比老人家更快中暑暈倒的情況也是相當常見的。

上了年紀的狗狗，骨頭、關節或肌肉的狀態都會慢慢變差，不再靈活強健的腰腳給牠們帶來不少困擾。狗狗在爬上爬下時會變得很吃力，也會討厭牠們活動的範圍出現障礙物。只是，這些情況得到明顯改善的案例少之又少，實在非常遺憾。想要讓老狗狗過得舒適，最好的方式就是改善室內環境。

POINT 1　減少高低落差

狗狗腰腳不靈活的話，上下樓梯都會非常危險，狗狗沒踩穩樓梯而摔成重傷的意外事故並不稀奇。請飼主將狗狗的生活空間限定在一樓，並準備無障礙坡道或寵物樓梯減緩高低處的高度落差，減輕狗狗的身體負擔吧。

POINT 2　讓地板不易打滑

木地板等等的地面容易打滑，會對狗狗的關節造成很大的負擔。請飼主在地面鋪上地毯等等，打造出不易打滑的地板空間。

POINT 3　把電線整理好

電器的電線會勾到或纏住狗狗的腳，對於健康的狗狗來說並不是什麼大問題，對下半身不靈活的狗狗卻是極大的負擔。請飼主將電器的電線整理整齊，別讓這些電線妨礙到狗狗的行動。

POINT 4　不要改變家具的擺設

隨著身體的老化，狗狗不只腰腳會變得不靈活，就連視力也會變差。一旦家具的擺設換了位置，恐怕會害這些狗狗撞到柱子、牆角或家具突出的角等等。因此，請飼主盡量避免更動家具的擺設。

打造友善老狗狗的無障礙空間

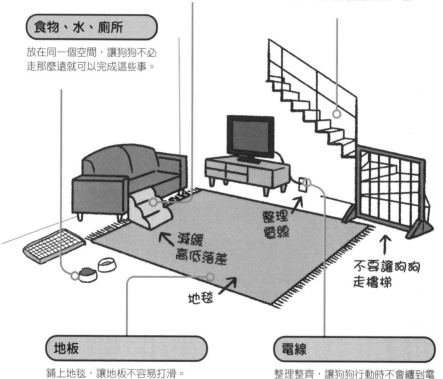

高低落差

準備無障礙坡道或寵物樓梯等等，減緩高低處的高度落差。

樓梯

不要讓狗狗上下樓梯，以防跌倒。生活空間就限定在一樓。

食物、水、廁所

放在同一個空間，讓狗狗不必走那麼遠就可以完成這些事。

整理電線

減緩高低落差

地毯

不要讓狗狗走樓梯

地板

鋪上地毯，讓地板不容易打滑。

電線

整理整齊，讓狗狗行動時不會纏到電線。

汪 PLUS POINT

帶腰腳不靈活的狗狗去散步，寵物推車會是個相當方便的工具。購買寵物推車時，記得要注意推車是不是穩定不易晃動、推車方向好不好控制、推車的籃子是不是夠深，不會讓狗狗突然滾出去等等。

自二〇一九年十二月以來，新型冠狀病毒肺炎（COVID-19）成為了世界性的流行性疾病。日本的新冠肺炎確診者也持續在增加，直到二〇二一年四月的此刻，依然看不到疫情平息的希望。在新冠肺炎疫情的肆虐之下，我們與狗狗應該如何因應才好呢？

新冠肺炎來勢洶洶 如何讓愛犬免於新冠肺炎的威脅？

POINT 1　有人類傳染給狗狗的案例

新冠肺炎也會由人類傳染給動物。不僅出現了貓咪遭到飼主傳染的案例，據說貓咪之間也有互相傳染的情況。另一方面，貓咪傳染給狗狗的案例非常罕見，因此一般認為貓狗之前不易互相傳染，但也不代表絕對不會傳染。此外，目前尚未出現狗狗或貓咪傳染給人類的案例（曾有人類遭水貂傳染新冠肺炎）。

POINT 2　狗狗感染之後會是無症狀？

貓咪感染之後，會出現呼吸系統與消化系統方面的症狀。相對於此，目前尚未確認狗狗感染之後會出現哪些明顯的症狀。

POINT 3　接觸毛小孩之前要先消毒

飼主可能會把新冠肺炎的病毒傳染給狗狗。就算狗狗感染之後不會出現症狀，還是要盡量避免讓狗狗感染新冠肺炎。在給狗狗餵飯或陪狗狗玩耍等等之前，都別忘了使用消毒清潔用的酒精消毒雙手，避免狗狗感染病毒。

預防狗狗感染新冠肺炎

勤勞消毒

為了不把病毒傳染給狗狗，請飼主在接觸狗狗之前，做好清潔與消毒的工作。

確診之後，就要避免與毛小孩接觸

萬一飼主不幸確診了新冠肺炎，最好避免與毛小孩接觸。不過，就算避免直接接觸，病毒還是可能附著在狗狗的身上，因此請飼主在與毛小孩保持距離之前，先替毛小孩把身體清洗乾淨。

不方便照顧的話，就要暫時寄養狗狗

飼主感染肺炎之後的病情若是重症化，就不方便照顧狗狗的起居。若是還有其他家人可以照顧狗狗，倒是不太擔心，但如果飼主自己一個人住，又要居家隔離的話，最好還是把狗狗暫時寄養在親戚、朋友家，或是寵物旅館等等的地方。

汪 PLUS POINT

在日本厚生勞動省或日本環境省的官方網站上，都有與寵物相關的新冠肺炎資訊。動物醫院等等的官方網站上，也會有新冠肺炎的相關資訊，飼主可以上網了解一下，以備不時之需。

狗狗跟人類一樣，也可能長期臥病在床。這樣的情況令人難過與不捨，但生為動物，就避免不了這樣的宿命。不過，狗狗精神飽滿也好，最後臥病在床也罷，牠們還是我們的毛小孩，我們應該好好地照顧牠們，直到最後一刻。

POINT 1 　防範褥瘡於未然

一旦狗狗長期臥病在床，又無法順利翻身，皮膚就會受到摩擦而產生褥瘡。褥瘡不容易治好，所以最重要的是防範於未然。建議飼主給狗狗使用容易翻身的高回彈床墊，或是以透氣性良好的雙層透氣網布製作的床單。

POINT 2 　盡量不要使用尿布

長期臥病在床的狗狗包著尿布的話，排出的尿液不僅容易從尿布滲出，而且尿布裡層也會浸溼狗狗的皮膚跟毛，併發細菌性膀胱炎與下腹部產生溼疹的可能性都會增加。建議飼主不要給狗狗包尿布，改成用大垃圾袋罩住床墊，再鋪上吸水性良好的寵物尿布墊，讓狗狗以這樣的方式排尿。

POINT 3 　以注射器餵食

每一隻狗狗臥病在床的程度不同，有些狗狗或許只能一直躺著，沒辦法靠自己的力量進食。如果狗狗是這樣的情況，飼主就可以使用注射器（針筒），將流質食物或用果汁機打成泥狀的濕食灌進狗狗的嘴裡。不過，針筒餵食法的重點在於狗狗本身要願意進食，不是飼主強行灌食。

自家長照的基本

使用高回彈床墊

當狗狗長期臥病在床，或是躺臥的時間愈來愈長，使用彈簧構造的高回彈床墊，就可以讓狗狗更容易翻身或變換身體姿勢，有助於預防皮膚褥瘡。

時時留意狗狗的情況

飼主要習慣檢查容易產生褥瘡的臉頰、肩膀、腰部、前腳踝、後腳踝等部位，並且兩～三個小時幫狗狗變換姿勢。也別忘了幫狗狗檢查床墊，以免排泄物弄髒狗狗的身體。

使用透氣性良好的床單

套在高回彈床墊外層的床單，要選擇透氣性良好的雙層透氣網布材質。理想的床單是具有防水功能，讓水氣不會滲透到地板，而且還可以直接連著床墊一起清洗。

汪 PLUS POINT

有些飼主希望能夠將狗狗養在家裡，自己來照顧狗狗的生活起居，但礙於工作等等的因素，實在有心無力。像是這樣的情況，交給狗狗養老院或狗狗照護中心，也是一個選擇。不過，每個月大概要花費十萬日圓左右，飼主必須有足夠的積蓄才負擔得起。

一旦飼養了狗狗，我們就會有很長一段時間都要與動物醫院（動物家庭醫師）保持來往。包含疫苗接種、定期健檢、生病或受傷時的診療等等，狗狗會以各種形式受到動物醫院的關照，所以飼主必須慎重挑選動物醫院才行。那麼，飼主在選擇動物醫院時，要注意那些事情？接著就來介紹挑選動物醫院的重點。

挑選動物醫院時要注意這些重點

距離遠近、院內的清潔程度、醫生的信賴程度……

POINT 1　離家近的醫院比較好

就算動物醫院的醫生很有名、許多人推薦，但要花一個小時以上才能抵達醫院，也是一件挺辛苦的事。對狗狗來說也是如此，身體已經很不舒服，還要花那麼多時間到醫院，想必很難受。而且遇到緊急狀況時，恐怕還會耽誤治療的黃金時間。挑選狗狗的家庭醫生時，最好還是選擇離家近的動物醫院。

POINT 2　別放過第一手資訊

不管是什麼事情，他人的評價還是很重要的。因為，就算看了動物醫院的官方網站或動物醫院的簡介，基本上也都只會寫一些符合醫院正面形象的事情，但若是可以從狗友的口中得知動物醫院真正的情況，就會更有利於飼主判斷。飼主不可盲目地輕信網路上的資料，不過還是可以參考一下。

POINT 3　實地訪視再下最後判斷

根據各式各樣的資訊篩選之後，最後還是要親自走一趟動物醫院再做決定。根據自己的判斷，看看這間醫院是不是真的值得信賴、是否可以把狗狗的性命託付給他們，如果判斷的結果是「OK」的話，就可以將這間動物醫院列為狗狗的家庭醫師。

初次到訪動物醫院時的檢視重點

收費透明

動物醫院都是採全額自費治療，所以每間動物醫院設定的收費制度都不太一樣。要確認看診後會不會拿到記載詳細費用的收據，以及收費會不會比其他間動物醫院昂貴太多。

清潔程度

候診間與診療室乾不乾淨，也是一大重點。就預防傳染病的角度而言，環境不乾淨的動物醫院就絕對不行。

設備的充實度

動物醫院的醫療設備不齊全的話，就必須去別間動物醫院才能進行檢查或治療。

醫師的知識與技術

具備知識淵博且技術高超的醫生與助理人員，是最理想的動物醫院。另外，當狗狗必須轉診，接受特殊的檢查或是進一步的治療時，醫生會告訴飼主有哪些推薦的大學附設動物醫院或動物專科醫院，飼主也能比較放心。

說明病情時的詳細程度

還要確認獸醫師會不會向飼主詳細說明狗狗的病情與治療方式，以及會不會詳盡地回答飼主的提問。

與醫師的合拍程度

人與人之間會有合不合得來的問題。當飼主覺得自己跟這間動物醫院的醫師可能合不來的時候，或許最好換一間動物醫院。要是勉強繼續給這位醫生看診的話，之後有可能就會後悔當初為何不換醫院。

汪 PLUS POINT

可以的話，最好不要更換狗狗的家庭醫師。狗狗從幼犬時期的檢查報告、看診紀錄都留在同一間動物醫院的話，在看診時，醫生比較能夠掌握狗狗當下的健康狀況，治療也會更順利。

非常遺憾（？），實際上沒有幾隻狗狗喜歡去動物醫院。動物醫院裡會有其他的動物在場，還要給不認識的人（獸醫師或助理）抓住身體，或被施打好痛的針等等，全部都是狗狗不喜歡的事情，也難怪他們不喜歡動物醫院。不過，狗狗可不能因為這樣就不去醫院看醫生。狗狗這麼討厭去動物醫院，該怎麼做才好呢？

POINT 1　從小就做好心理建設

別讓狗狗從小就形成「動物醫院＝恐怖、討厭」的想法。所以，在狗狗小時候，可以常常帶他們到動物醫院走走，跟動物醫院的助理親近，這樣狗狗就不會覺得動物醫院是個討厭、可怕的地方。如果已經是成犬，可能不會像幼犬那麼容易接受，但基本上也是以同樣的方式讓他們消除恐懼與厭惡。

POINT 2　別責罵討厭看醫生的狗狗

在候診間亂叫、不乖乖上看診檯、對醫生露出生氣或威嚇的態度……。有些飼主看見自家的狗狗出現這些行為，應該會想要訓斥狗狗不行這麼做吧。不過，飼主千萬不行因此責罵他們，這樣只會讓他們愈來愈討厭看醫生而已。

POINT 3　不需要一直安撫

當狗狗已經處於不安的情緒，飼主還是一直跟他們說「放輕鬆，沒事的」等等的安撫話語，狗狗就會感到混亂，心想：「為什麼你會對我這麼溫柔？」不知道自己應該做出什麼樣反應才對。與其在狗狗不安的時候一直跟他們講話，倒不如輕聲地呼喚他們的名字，我想這樣做應該會更適合。

幫狗狗減輕看診壓力的小妙招

久等了，
請進！

在醫院外等候，看診時才進去

許多狗狗都不喜歡動物醫院的特殊味道，也討厭候診間內有其他動物。假如可以帶著狗狗在醫院外等待，或在附近散步，輪到狗狗看診時才進入動物醫院，狗狗也許就不會有那麼大的壓力。另外，由於新冠肺炎疫情的影響，有些動物醫院都改為預約制，飼主與寵物都要在醫院外面等待，所以請飼主記得保留充裕的時間前往動物醫院。

帶著「同伴」一起去

如果同時飼養好幾隻寵物的話，就把平常跟狗狗住在一起的同伴也一起帶到動物醫院。多少可以讓狗狗消除一些焦慮的情緒。

不跟狗狗一起進入看診室

通常飼主都會陪著狗狗一起進入看診室，但狗狗知道飼主在旁邊的話，就會苦苦央求飼主解救牠們。飼主將狗狗交給醫生與助理，然後自己留在候診室，說不定看診過程會出乎意外地順利。

別讓狗狗盯著針筒看

許多狗狗都害怕打針。許多人在打針的時候，也會在扎針的那一瞬間把頭轉到另一邊，所以飼主帶狗狗去打針的時候，同樣別讓狗狗去注意打針的樣子，這樣打起針來才會比較順利。飼主可以看著狗狗的眼睛，摸一摸或拍一拍牠們的臉或身體，讓醫生趁著牠們轉移注意力的時候扎針，這樣就可以順利完成注射。

對於狗狗來說，每年接受一～兩次的定期健康檢查是必要的。狗狗可以前往動物醫院進行健康檢查，從基本的身體檢查、血液檢查、尿液檢查、糞便檢查等等，到Ｘ光檢查、超音波檢查、體脂肪檢測等等，有各式各樣的檢查項目。至於健康檢查的項目，則應該要考慮年齡與健康狀況，跟醫生討論後再來決定。

POINT 1　健檢就交給家庭醫生

將狗狗的健康檢查交給平常幫狗狗看診的動物醫院是最理想的。健康檢查的費用要根據檢查項目來計算，合計的金額大約是數千日圓，而一日全身健檢套餐的中間值大約是一萬四千日圓。詳細的收費還是要請飼主自行詢問動物醫院。

POINT 2　健康的時候更要健康檢查

與年輕或健康的狗狗每天一起生活，飼主便容易產生「帶狗狗去健檢好麻煩，明年再去好了」等等的想法。不過，健康檢查的重要之處，就是要趁著狗狗身體健康時，掌握狗狗的身體狀況。這麼一來，就能及早發現狗狗身體的異常，也能幫助飼主找出狗狗生病的原因。有些飼主可能會覺得健康檢查很花錢，但一想到毛小孩的健康可能亮紅燈，這些花費絕對不算昂貴。

POINT 3　年輕狗狗一年一次，老狗狗一年兩次

如果是年輕健康的狗狗，六歲之前每年進行一次健康檢查即可；如果是七歲以上的老狗狗，每半年就要做一次健康檢查，維持狗狗的身體健康。

狗狗可以做這些檢查

血液檢查

血液檢查是定期健康檢查當中,最基礎的一項檢查項目。透過抽血,可以確認狗狗有沒有貧血、高脂血症,以及血糖值的狀況、肝臟或腎臟的功能等等,了解狗狗全身上下的大致情況。

X光檢查

可以確認狗狗的骨頭有無異常、內臟器官的大小與位置、膀胱或腎臟有無結石等等。

超音波檢查

透過腹部超音波檢查,可以確認狗狗的肝臟或腎臟、腸道的狀況,以及有無腫瘤等等。

糞便、尿液檢查

糞便檢查可以確認狗狗體內有無寄生蟲,尿液檢查可以知道狗狗的尿液無出現結晶的狀況等等。

為了不讓狗狗得到傳染性疾病，也為了讓狗狗與我們住在一起生活，有件事情絕對不能忽略，那就是替狗狗接種疫苗。動物醫院都可以幫狗狗注射疫苗，但狗狗的疫苗分為許多種類，而接種疫苗有好也有壞。身為飼主應該確實了解疫苗的相關知識之後，再帶狗狗去接種疫苗。

POINT 1　了解疫苗

所謂的疫苗接種，是透過將減毒後的病原體注入體內，以人為的方式使身體感染，進而產生抗體，以達到預防感染疾病的效果。一般來說，在日本飼養的狗狗（成犬）每年都要接種一次預防狂犬病的狂犬病疫苗，以及預防多種疾病的多合一疫苗。日本的法律規定，飼主有義務讓狗狗接種狂犬病疫苗。

POINT 2　有這些情況要暫緩施打

接種疫苗是將病原體注入體內，因此應該在狗狗身體狀況正常時才能進行接種。當狗狗的精神活力不好、身體倦怠、有感冒或拉肚子的跡象等情況，最好暫緩施打疫苗。

POINT 3　要注意副作用！

狗狗接種疫苗之後，有可能會出現嚴重的全身性症狀──過敏性休克或者是嘔吐、臉腫等副作用。疫苗接種的副作用會在注射後的數分鐘～三十分鐘發作，但為了保險起見，還是請飼主觀察兩個小時。假如下午接種疫苗，晚上才出現副作用，飼主可能很難找到動物醫院幫狗狗看診，因此請盡量在中午之前接種疫苗。

日本的狗狗多合一疫苗

1	**犬瘟熱** 初期會出現發燒及食慾變差的症狀，一旦病情加重，還會引起麻痺或痙攣等等。尚無有效的治療辦法，是一種致死率很高的傳染性疾病。	
2	**腺病毒 I 型** 除了會引起急性肝炎，還會出現嘔吐或黃疸等等。	
3	**腺病毒 II 型** 會出現像感冒一樣的症狀。致死率雖然沒那麼高，但同時感染上其他病毒的話，還是有可能使病情加重。	➔ **5 種混合**
4	**犬副流感病毒** 會出現咳嗽、發燒、流鼻水等等，比較嚴重的感冒症狀。只是染上犬副流感的病毒的話，致死率雖然沒那麼高，但感染多種病毒的話，還是有可能使病情加重。	
5	**犬小病毒** 會出現下痢、嘔吐、脫水等等的症狀，一旦變成重症，還可能造成休克而亡。幼犬感染犬小病毒的致死率特別高。	
6	**冠狀病毒** ※與新型冠狀病毒肺炎（COVID-19）不同 會不停地嘔吐與拉肚子。若同時感染到犬小病毒等其他病毒，極可能使病情加重。冠狀病毒又分為許多類型。	➔ **6 種混合**
7	**犬鉤端螺旋體症 I 型** 會出現發燒、出血、黃疸等症狀。病情惡化的話，也可能發展成腎功能衰竭等等。犬鉤端螺旋體症 I 型又分為許多類型。	➔ **7 種混合**
8	**犬鉤端螺旋體症 II 型** 會出現發燒、出血、黃疸等症狀。病情惡化的話，也可能發展成腎功能衰竭等等。犬鉤端螺旋體症 II 型又分為許多類型。	➔ **8 種混合**
9	**犬鉤端螺旋體症 III 型** 會出現發燒、出血、黃疸等症狀。病情惡化的話，也可能發展成腎功能衰竭等等。犬鉤端螺旋體症 III 型又分為許多類型。	➔ **9 種混合**

※日本的犬七合一、八合一、九合一疫苗，是累加不同的犬鉤端螺旋體病毒株。

汪 PLUS POINT

每一間動物醫院的疫苗接種收費都不一樣，日本的狂犬病疫苗大約是三千～一萬日圓、五合一或六合一疫苗大約是五千～七千日圓，七合一或八合一疫苗則是六千～九千日圓不等。

養狗狗之後，伴隨而來的就是各種花費與開銷，其中又以狗狗生病或受傷時的費用居多。進行各種檢查、住院、手術等等的治療，飼主肯定要支付一筆不少的費用。而為了因應這樣的情況，飼主可以做的就是提前投保寵物保險。每間保險公司都有推出各種不同的方案，好好比較一番之後再為狗狗挑一份寵物保單吧。

以備生病或受傷之需
提前為毛小孩投保寵物保險

POINT 1　了解寵物保險的基本

所謂的寵物保險，指的是支付保單上約定的保險費用，便可在寵物因為受傷或生病而住院或治療時，獲得一定比例的保險理賠金。若是沒有投保寵物保險的話，飼主就要全額支付在動物醫院花費的診療費用，但如果已為寵物投保，飼主只要負擔一部份的診療費用即可。

POINT 2　狗狗年輕時就要投保

為寵物買保險的時候，最常遇到的問題就是年齡限制。大部分的寵物保險都會將寵物的年齡上限規定在七～八歲。而且，寵物投保時的年

診療費

70%	30%
此部分以保險理賠金補貼	剩下的自行負擔

齡愈大，飼主要繳的保險費也會愈高。狗狗上了年紀之後，生病或受傷的情況都會變多，趁著狗狗年輕時投保，飼主也會比較放心。

POINT 3　擔心的話就找人討論

第一次投保寵物保險的飼主，可以找人討論看看，寵物保險的保險代理人就不必說了，也都可以與寵物同好或動物醫院的醫生、助理等等討論。保險代理人不僅會向顧客詳細說明該保險商品的好處，也會告訴我們這張保單有哪些缺點，能讓飼主感到放心。

投保寵物保險時應該注意的重點

要繳多少保險費

每間保險公司的每一份寵物保單，每個月要繳的保險費都不一樣。狗狗的品種或投保時的年紀，也會影響到保險費。而且，保險費可能會逐年調漲或每隔數年調漲一次，所以計算出投保後持續繳納的總金額也是很重要的。

能不能投保

可以投保寵物保險的狗狗，通常都是七～八歲以下。另外，假如狗狗有先天性疾病，或者已經罹患癌症、糖尿病等疾病，基本上是沒辦法投保的（最近推出了一些罹癌的狗狗也可以投保的新保單，但只限於領養的狗狗）。

保險理賠的範圍

幾乎所有的寵物保單都會把疫苗接種、結紮手術、投保人（飼主）因故意或重大過失造成的傷害等等，排除在保險理賠範圍之外。另外，住院日額以及每次手術的理賠費用都有最高理賠金額，一定要先確認才行。

汪 PLUS POINT

假設狗狗大約會活到十五歲左右，那麼牠在這一生中的各種花費的總額大約是兩百萬日圓，每年平均十三萬日圓。生病或受傷時的治療費用都是比較大筆的支出，建議飼主還是替狗狗投保寵物保險，也算是讓自己可以更放心地與狗狗一起生活。

不論飼主再怎麼把狗狗捧在手心裡疼愛，再怎麼注意狗狗的身體健康，牠終究有一天要走向生命的終點。狗狗可能是自然衰老辭世，也可能是因病離世或遭遇意外而亡，就連狗狗的離開也分為許多種形式。但不管是哪一種，身為飼主的我們，都應該採取適合的應對方式，在狗狗身邊陪牠們走完最後一段路。

POINT 1　了解死前的徵兆

許多狗狗在大限將至時，樣子都會不同以往。牠們可能不吃不喝、呼吸變急促，也可能出現直接躺著排泄的狀況。而且，有不少狗狗在臨終之前，還會出現呼吸困難、痙攣。

POINT 2　盡可能陪在狗狗的身邊！

看著毛小孩受苦的樣子，真的會讓飼主心如刀割。但是可以的話，還是希望飼主不要逃避這樣的景象，盡可能地陪伴在狗狗的身旁。然後，還要請飼主溫柔地跟牠們說些話，並摸一摸牠們的身體。飼主的這份心意，一定可以傳達給狗狗的。

POINT 3　思考埋葬的方式

一般的作法，都是將狗狗的遺體火化之後，再將骨灰供在自己家裡或寺院。也可以土葬，將狗狗埋葬在自家庭院等的私有地內。火葬或喪葬事宜都可以委託專門的殯葬業者，但每一間殯葬業者的服務內容與收費都不一樣，所以飼主要先上網或打電話確認清楚之後，再決定要委託給哪個業者。

在告別之前，做好這些事情

①將狗狗的身體清理乾淨

狗狗斷氣之後，很快就會出現死後僵直的情況。飼主要在狗狗的遺體僵硬之前，將狗狗的身體清理乾淨。輕輕地讓狗狗閉上眼睛及嘴巴，如果嘴巴或肛門流出液體的話，就用溼紙巾擦拭乾淨。把狗狗的遺體放在尿布墊上，就不必擔心身體被流出的液體弄髒。把狗狗的身體都清理乾淨之後，再用梳子將狗狗的毛梳理整齊。

②將狗狗放入棺木安置

準備一口適合狗狗體型大小的棺木，鋪上大浴巾等等之後，再將狗狗的遺體放入棺木。同時也可以放一些鮮花或狗狗生前喜愛的玩具。另外，請在狗狗的肚子附近放置保冷劑，以免狗狗的遺體腐爛。最後將棺木放在陰涼處。

③與狗狗度過最後的時間

火化或葬禮之前，是我們與狗狗最後的一段時光。也有其他家人在的話，大家可以一起聊聊一些關於狗狗的回憶，為狗狗送行。

PLUS 汪 POINT

在狗狗生前就決定好要委託哪間業者處理狗狗火化或喪葬事宜，也許會是更好的做法。飼主若是向動物醫院詢問，通常動物醫院也會告訴飼主有哪些值得信賴的殯葬業者。當狗狗的喪葬事宜與收費太過複雜時，飼主在狗狗離開之後，通常都沒辦法冷靜地判斷。所以事前挑好殯葬業者也很重要。

最近，經常聽到「喪失○○症候群」這個字。飼主失去了心愛的狗狗，想必會承受著無法估計的悲傷，陷入了所謂的「喪失寵物症候群」的狀態之中，心中充滿了失落感。這樣的情況變得更嚴重的話，甚至會讓飼主的身體與心靈都出現問題。沒有人能夠躲過與愛犬的永別，那我們應該如何面對這份悲傷才好呢？

與毛小孩的離別令人悲痛欲絕……如何走出失去寵物的傷痛？

POINT 1　盡情地放聲哭泣

就心理健康而言，壓抑著悲痛欲絕的情緒並不是一件好事。自己獨處的時候，或是跟願意包容自己的家人、朋友待在一起時，就別再壓抑著自己的情緒，盡情地放聲哭泣，釋放心中的悲傷吧。

POINT 2　與有經驗的人聊天

就算是家人或朋友，也不一定可以理解自己失去寵物的悲痛。換個角度想，這也是無可奈何的事。如果有認識的狗友，或是有人也經歷過失去狗狗的悲傷，那就找他們聊聊吧。

POINT 3　迎接下一隻寵物的到來

當狗狗已經離開了好一段時間，飼主的心情也會漸漸地平靜下來。如果心有餘力的話，要不要考慮再養一隻狗狗呢？新養的這隻狗狗當然不是來取代你原本心愛的狗狗，但是一段新的相遇，也許會是讓悲傷的情緒告個段落的好機會。

面對毛小孩的死亡

患上喪失寵物症候群……①

精神方面變得非常消沉，被失去寵物的情感折磨。懷抱著罪惡感，也會後悔著「要是當初選別的方式治療就好了……」、「要是我以前再多陪伴牠一點就好了……」等等，整個人都沒有精神，做什麼事情都心不在焉。

患上喪失寵物症候群……②

身體方面會出現倦怠感、覺得頭痛、暈眩、胸痛、胃痛等等。有些人也會出現睡眠障礙、進食障礙的問題。

更要有時間沉浸在悲傷之中

失去了如同家人一般的狗狗，那份悲傷是難以想像的。也許要花很多時間才能走出這份悲傷，但也不要過度壓抑自己的情緒。偶爾還是可以回想心愛的狗狗，盡情地放聲哭泣，沉浸在悲傷之中。

汪 PLUS POINT

請飼主們想一想已經成為小天使的狗狗。若是讓你打從心裡疼愛的狗狗，看見你沉溺於悲傷之中的樣子，牠們會做何感想呢？牠們一定是希望你可以打起精神，好好生活。為了我們心愛的毛小孩，還是要盡早走出悲傷的情緒，振作起來。

簡易健康檢查表

每天檢查一次吧！

☑ 有精神嗎？

狗狗是一種會透過眼睛、耳朵與尾巴來表現情感的動物。狗狗的這種表現有沒有變少呢？感覺得到狗狗全身上下充滿活力嗎？

☑ 食慾跟往常一樣嗎？

吃飯的情況跟平常一樣嗎？有把平常的份量吃光嗎？吃飯的速度有沒有變慢？飲水量跟平常一樣嗎？

☑ 小便有沒有異常？

小便的顏色、氣味與姿勢有沒有改變？上廁所的次數或所需時間有沒有變化？

☑ 大便有沒有異常？

大便的顏色、氣味與硬度有沒有改變？上廁所的次數或所需時間有沒有變化？

☑ 眼睛有沒有異常？

眼屎多不多？眼睛會不會發癢，一直在抓癢呢？黑眼珠有沒有變白、混濁？左右兩眼的對稱狀況好嗎？

☑ 皮膚有沒有異常？

皮膚有沒有出現溼疹呢？掉毛的情況嚴重嗎？

☑ 四肢的前端有沒有異常？

指甲或肉球有沒有受傷，引起發炎呢？

☑ 有沒有奇怪的動作呢？

狗狗覺得身體某處疼痛時，動作的流暢度就會降低。走路方式會不會卡卡的？會不會特別護著某個部位呢？換成特定的姿勢時，會不會覺得疼痛呢？

☑ 身上有沒有跳蚤或蟎蟲？

跳蚤或蟎蟲會在狗狗散步時附著在狗狗身上。尤其是經過草叢的時候，更容易有跳蚤或蟎蟲跑到狗狗身上，因此請在回家之前檢查一下狗狗的身體。

每週～每月檢查一次吧！

☑體重有沒有改變？

狗狗的體重有沒有暴增或驟減呢？狗狗的體重也會有增減，但變化太大的時候，就要多注意。

☑口腔乾不乾淨？

狗狗的牙齒有沒有牙結石、牙齦紅腫呢？有沒有口臭？流口水的量有沒有變化？

☑肛門腺乾不乾淨？

肛門腺擠不乾淨的話，可能會累積太多分泌液，導致發炎。幫狗狗洗澡的時候，請記得把狗狗的肛門腺清理乾淨。

☑洗澡了嗎？

把散步時染上的髒汙清洗乾淨。也要順便檢查一下耳朵與皮膚的狀況。

☑發情期有沒有問題？

狗狗的發情期有一定的週期規律。要注意發情期期的週期會不會太長或太短。

☑耳朵乾淨嗎？

有沒有出現耳垢堆積、發臭、溼疹等變化呢？也要檢查狗狗對於聲音的反應。

☑皮膚有沒有異常？

檢查全身的皮膚有沒有汙垢、臭味、搔癢的情況。也要檢查平常比較不會注意到的肚子等部位的皮膚。

☑身體有沒有出現硬塊？

檢查皮膚、乳腺等身體表面有沒有出現腫塊。也要確認骨頭、關節或淋巴結的位置有沒有出現變形的情況。

☑修剪指甲了嗎？

狗狗的指甲會太長嗎？有沒有折斷、磨損的情況呢？

每年檢查一次吧！

☑ 血液檢查有沒有異常？

健康檢查時進行血液檢查。透過血液檢查，可以得知狗狗有沒有出現貧血、脫水、發炎、腎功能衰竭、糖尿病、胰臟癌、內分泌異常等等。

☑ X光檢查有沒有異常？

健康檢查時進行X光檢查。確認狗狗有沒有罹患內臟方面疾病的可能性。

☑ 尿液檢查有沒有異常？

確認狗狗有沒有腎臟、泌尿系統等方面的疾病。

☑ 糞便檢查有沒有異常？

檢查狗狗的大便裡面有沒有寄生蟲的卵等等。

狗狗與人類的年齡對照表

中、小型犬	人間		大型犬	人間
1個月	1歲		1個月	1歲
2個月	3歲		2個月	3歲
3個月	5歲		3個月	5歲
6個月	9歲		6個月	7歲
9個月	13歲		9個月	9歲
1年	15歲		1年	12歲
2年	24歲		2年	19歲
3年	28歲		3年	26歲
4年	32歲		4年	33歲
5年	36歲		5年	40歲
6年	40歲		6年	47歲
7年	44歲		7年	54歲
8年	48歲		8年	61歲
9年	52歲		9年	68歲
10年	56歲		10年	75歲
11年	60歲		11年	82歲
12年	64歲		12年	89歲
13年	68歲		13年	96歲
14年	72歲		14年	103歲
15年	76歲		15年	110歲
16年	80歲			
17年	84歲			
18年	88歲			
19年	92歲			
20年	96歲			

狗狗從出生到五個月左右都屬於幼犬時期，中、小型犬在一歲半左右就是成犬，而大型犬則要到兩歲左右才算是成犬。中、小型犬一直到十一歲才算是熟齡犬，而大型犬在八歲左右便是熟齡犬，狗狗變成熟齡犬後，身體就會漸漸出現衰老的現象。

※ 本表格的數字為基準值，每隻狗狗可能會因品種或飼育狀況而有所不同。

參考文獻

『イヌを長生きさせる50の秘訣』（臼杵新・著、SBクリエイティブ）

『新装版 犬にいいものわるいもの』（臼杵新・監修、造事務所・編著、三才ブックス）

『愛犬が長生きする本』（臼杵新・須﨑大・監修、宝島社）

『犬のための家庭の医学』（野澤延行・著、山と渓谷社）

『愛犬をケガや病気から守る本』（愛犬の友編集部・編集、誠文堂新光社）

『犬のツボ押しBOOK』（石野孝 相澤まな・著、医道の日本社）

『4歳からはじめる愛犬の健康生活習慣』（三浦裕子 伊藤みのり・著、ナツメ社）

『決定版 犬と一緒に生き残る防災BOOK』ANICE 村中志朗・監修、日東書院本社）

※除上述的書籍，也參考眾多的報章新聞與網路文章。

監修者簡介

臼杵新

獸醫師，臼杵動物醫院（埼玉縣埼玉市櫻區）院長。出生於一九七四年。畢業於麻布大學獸醫學院獸醫學系，曾受聘於野田動物醫院（神奈川縣橫濱市港北區）等擔任獸醫師，現為臼杵動物醫院院長兼獸醫師。座右銘是「讓動物與飼主都能獲得幸福的治療」。著有《狗狗高齡的照護》（晨星出版）、《狗狗心事誰知道？狗狗健康長壽50招!!》（青文出版），監修《猫にいいものわるいもの》、《犬にいいものわるいもの》（三才books）、《ネコのカラダにいいこと事典》（世界文化社）等書籍。

封面、內文設計	清水真理子（TYPEFACE）
插圖	いわせみつよ
校對	株式会社円水社
編輯	株式会社ロム・インターナショナル
	中野俊一（世界文化社）

我家狗狗要長命百歲！
狗狗的高品質健康生活寶典

出　　　　版／楓葉社文化事業有限公司
地　　　　址／新北市板橋區信義路163巷3號10樓
郵 政 劃 撥／19907596　楓書坊文化出版社
網　　　　址／www.maplebook.com.tw
電　　　　話／02-2957-6096
傳　　　　真／02-2957-6435
監　　　　修／臼杵新
翻　　　　譯／胡毓華
責 任 編 輯／王綺
內 文 排 版／楊亞容
校　　　　對／邱怡嘉
港 澳 經 銷／泛華發行代理有限公司
定　　　　價／350元
出 版 日 期／2022年6月

國家圖書館出版品預行編目資料

我家狗狗要長命百歲！狗狗的高品質健康生活
寶典 / 臼杵新監修；胡毓華翻譯. -- 初版. --
新北市：楓葉社文化事業有限公司, 2022.06
　面；　　公分

　ISBN 978-986-370-415-7（平裝）

　1. 犬　2. 寵物飼養

437.354　　　　　　　　111004829